中等职业教育改革发展示范校建设规划教材

编委会

中等职业教育改革发展示范校建设规划教材

焊接实训作业指导书

HANJIE SHIXUN ZUOYE ZHIDAOSHU

● 王 静 陈春宝 主编 ● 王清晋 主审

化学工业出版社

·北京·

为适应中等职业教育的发展并加强学生动手能力的培养，本书将焊接技能实训项目进行了优选和整合，并以国家初、中级电焊工等级标准为依据进行组织编写。

本书共分 6 个大项目，19 个任务，系统地讲述了焊接安全教育、气焊与气割、焊条电弧焊、CO_2 气体保护焊、手工钨极氩弧焊、Ⅰ形坡口对接埋弧半自动焊等焊接方法使用的设备、工具、工艺参数、操作要领、注意事项等基本知识及操作技能。以学生实际操作为主线，采取"知识讲解、教师演示、学生练习、指导互动、评价"等几个环节进行。

本书侧重基本操作技术的传授和动手能力的培养，突出焊接操作技能的训练，培训学生掌握焊工的基本操作知识，培养遵守操作规程、安全文明生产的良好习惯；让学生具有严谨的工作作风和良好的职业道德。

本书内容丰富翔实、深入浅出、图文并茂、具体生动、实用性强，适合中等职业学校焊接及相关专业学生学习，也可供从事焊工培训和自学的人员阅读。

图书在版编目（CIP）数据

焊接实训作业指导书/王静，陈春宝主编. —北京：化学工业出版社，2015.5（2022.10 重印）
中等职业教育改革发展示范校建设规划教材
ISBN 978-7-122-23423-0

Ⅰ.①焊…　Ⅱ.①王…　②陈…　Ⅲ.①焊接-中等专业学校-教学参考资料　Ⅳ.①TG4

中国版本图书馆 CIP 数据核字（2015）第 059500 号

责任编辑：高　钰　　　　　　　　　文字编辑：陈　喆
责任校对：宋　玮　　　　　　　　　装帧设计：刘丽华

出版发行：化学工业出版社（北京市东城区青年湖南街 13 号　邮政编码 100011）
印　　装：北京科印技术咨询服务有限公司数码印刷分部
787mm×1092mm　1/16　印张 6¾　字数 163 千字　2022 年 10 月北京第 1 版第 3 次印刷

购书咨询：010-64518888　　　　　　售后服务：010-64518899
网　　址：http://www.cip.com.cn
凡购买本书，如有缺损质量问题，本社销售中心负责调换。

定　　价：26.00 元

前　言

为了进一步贯彻《国务院关于大力推进职业教育改革与发展的决定》的文件精神，加强职业教育教材建设，满足职业院校深化教学改革对教材建设的要求，通过企业专家和一线骨干教师研讨了新的职业教育形势下焊接技术应用专业的课程体系，确定了本课程的课程标准。

本书是根据教育部中等职业学校焊接及机加工专业"焊接实训"课程教学大纲和职业教育培养目标组织编写的。以国家初、中级焊工等级标准中的实际操作内容为主要标准，主要介绍了焊接安全教育、气焊与气割、焊条电弧焊、CO_2气体保护焊、手工钨极氩弧焊、I形坡口对接埋弧半自动焊等焊接方法使用的设备、工具、工艺参数、操作要领、注意事项等。本书的特色是着重基本操作技术的传授和动手能力的培养，结合实际考核项目的要求进行技能操作训练，突出焊工操作技能的训练，以培养读者在实践中分析和解决问题的能力。本书遵循中等职业学校学生的认知规律，教学内容让学生"乐学"和"能学"，并结合"任务驱动"式教学方法，把教学内容分解到精心设计的一系列任务中，通过让学生自己完成任务来学习知识、掌握技能，同时进一步加强技能训练的力度，特别是加强基础技能和核心技能的训练。真正达到在做中学、在学中做的目标，非常适合中等职业学生的学习。

全书共分 6 个项目，包含 19 个任务。本书由锦西工业学校王静、陈春宝主编，孟玮、杨秀丽、邵慧、高艳华、张祥敏、王晓光、王世旭、王大伟、侯崇、徐绪峰、杨秀忠、王承辉、庄岩、锦西天然气化工有限责任公司李天牧参与编写，其中大部分教师来自企业，具有丰富的企业实践经验和深厚的专业背景，陈春宝、王晓光、孟玮、王大伟曾多次在省、市举办的焊接大赛中获个人奖，指导的参赛学生也多次获得国家金奖。

本书在编写和审稿过程中，得到了多家企业技术人员和许多院校领导及同仁的大力支持与热情帮助，在此一并表示衷心的感谢。

由于编者水平有限，书中不足之处在所难免，恳请广大读者批评指正。

编者

目 录

项目一

焊接安全教育

【实训目的】

通过学习，使学生能正确准备个人劳保用品，并对场地、设备、工具、夹具进行安全检查；熟记焊接实训场的安全操作规程，并严格执行。

【实训内容】

一、焊接实训场安全操作规程

① 进入焊接实训现场，必须佩戴劳动保护用品。焊接实训教师和受训员必须将手套、防护镜、工作帽、绝缘鞋佩戴齐全方可进入工位进行实训操作。

② 规范合理使用焊接、切割、切板等设备。启动焊机前应该检查电焊机和空气开关外壳接地是否良好。

③ 焊接设备与电源接通后，人体不能接触带电部分，如需检修须切断电源后进行。

④ 焊接电线必须有良好的绝缘保障。切勿将导线放在电弧附近或正在施焊的焊件上，以免受高热烧坏绝缘。

⑤ 焊接操作时应配有特殊护目玻璃的专用面罩。焊钳手柄应有良好绝缘。

⑥ 敲打焊缝熔渣、打磨砂轮、使用无齿锯等操作时，应戴好防护眼镜。

⑦ 更换焊条时，不应将身体接触通电的焊件。

⑧ 做好防火、防爆工作。切割间的氧气、乙炔必须分开保管、使用，并有专人负责。灭火器材应指定专人保管，放置指定位置确保使用及时。

⑨ 焊接结束时，应将焊钳放在安全地方，打扫卫生、关闭电源、清理现场。自觉做到人走、料净、场地清。

⑩ 遇到人员触电，不可赤手施救，应先迅速将电源切断，或用木棍等绝缘物将电线从触电人员身上挑开。如触电者呈现昏迷状态，应立即实行人工呼吸，尽快送医院抢救。

二、焊接设备及工具的安全检查

1. 安全检查的必要性

焊接工作前，应先检查焊机和工具是否安全可靠，这是防止触电事故和其他设备安全事故的重要环节。

2. 电弧焊施焊前对设备检修的项目

① 检查电源的一次、二次绕组绝缘与接地情况，检查绝缘的可靠性、接线的正确性。

② 检查电源接地的可靠性。

③ 检查焊机的噪声和振动情况。

④ 检查焊接电流调节装置的可靠性和准确性。

⑤ 检查是否有绝缘烧损，焊钳、夹具是否完好等。

⑥ 检查是否短路，焊钳是否放在被焊工件和工位架上。

⑦ 工具袋、保温桶等应完好无损，常用的锤子、清渣铲、钢丝刷等工具是否齐全。

3. 加强个人防护

在焊接过程中加强焊工个人的自我防护也是加强焊接劳动保护的主要措施。个人防护主要有使用防护用品和搞好卫生保健等方面。

（1）工作服　实习时穿学校统一发放的棉帆布工作服，上衣应遮住腰部，裤子应遮住鞋面。同时，工作服穿戴时不应潮湿、破损和沾有油污。

（2）工作鞋　工作鞋应具有绝缘抗热、耐磨和防滑的性能，鞋底不应有铁钉。

（3）手套　焊工手套应由耐磨、耐热的皮革制成，长度不应小于 300mm，缝制结实、保持干燥。

（4）护目遮光镜　合理选择护目遮光镜片的色号，个人视力好、弧光强应选择色号大些和颜色深些的镜片，以保护视力。为使护目玻璃不被焊接时的飞溅损坏，可在外边加上无色透明的防护白玻璃。另外，在停止焊接作业后，应戴白光透明眼镜，防止飞溅、熔渣等异物伤害眼睛。

【实训结果与评价】

学习目标	评价目标	自我评价	小组评价	教师评价
专业能力	基本知识掌握情况			
素质能力	安全文明生产			
	学习认真,态度端正			
	能相互指导帮助			
	服从与创新意识			
	实施过程中的问题及解决情况			

【收获及体会】

项目二

气焊与气割

任务一　气割（10mm 厚钢板气割）

【实训目的】

通过本任务的学习，使学生能熟练进行火焰的点燃、调节和熄灭等基本操作；掌握手工气割的基本操作技术（起割、气割过程和停割等），并能独立完成气割工作。

【知识学习】

一、气焊与气割设备、工具的介绍及使用

气焊与气割设备主要由氧气瓶、氧气减压器、乙炔瓶、减压器、焊炬和割炬、氧气胶管和乙炔胶管等组成。

1. 氧气瓶

瓶内氧气压力一般 15MPa，它主要由瓶体、瓶帽、瓶阀、防振圈及底座等构成。氧气瓶瓶体外表涂天蓝色漆，并标注黑色"氧气"字样。瓶阀是控制瓶内氧气进出的阀门。使用时，如将手轮逆时针方向旋转，则可开启瓶阀；顺时针旋转则关闭。开启氧气瓶阀时，要站在出气口的侧面，以防伤人。

2. 乙炔瓶

乙炔瓶是一种储存和运输乙炔的压力容器，瓶内气体压力一般为 1.5MPa。主要由瓶体、瓶阀、瓶内浸满丙酮的多孔性填料等组成。乙炔瓶瓶体是由低合金钢板经轧制焊接制造的。外表漆成白色，并标注红色"乙炔不可近火"等字样。

乙炔瓶瓶阀与氧气瓶阀不同，它没有旋转手轮，阀门的开启和关闭是利用方孔套筒扳手转动阀杆上端的方形头实现的。阀杆逆时针方向旋转，瓶阀开启，反之，关闭乙炔瓶阀。

注意事项：乙炔气瓶应直立放置使用，不能横放，否则会使瓶内的丙酮流出，引起燃烧或爆炸。

3. 减压器

减压器是将高压气体降为低压气体（减压）、并保持输出气体的压力和流量稳定不变的

调节装置。通常，由于气瓶内压力较高，而气焊和气割所需的压力较小，所以需要用减压器来把储存在气瓶内的较高压力的气体降为低压气体，并应保证所需的工作压力自始至终保持稳定状态。

减压器按用途不同可分为氧气减压器和乙炔减压器，两者不能相互混用，如图 2-1 所示。乙炔减压器压力表表盘上的红线刻度表示最大的许可工作压力，使用时应严格控制。

(a) 氧气减压器　　　　　　(b) 乙炔减压器

图 2-1　乙炔表和氧气表实物

4. 焊炬与割炬（图 2-2）

焊炬与割炬是进行气焊与气割的主要工具，又称焊枪与割枪。它是使可燃气体与氧气按一定比例混合燃烧形成稳定火焰的工具。按可燃气体与氧气混合的方式不同分为等压式与射吸式两种。射吸式是目前国内应用最广的一种形式，可同时使用低压乙炔和中压乙炔，适用范围广。使用广泛的焊炬是 H01-6 型射吸式焊炬，如图 2-2 所示。

焊炬与割炬的乙炔调节阀和氧气调节阀均为逆时针开启，顺时针方向关闭。常用焊炬型号有 H01-2、H01-6、H01-12 等多种，H 表示焊炬；0 表示手工；1 表示射吸式（2 表示等压式）；2、6、12 等表示可焊接的最大厚度（mm）。常用割炬型号有 G01-30、G01-100、G01-300，G 表示割炬；0 表示手工；1 表示射吸式；30、100、300 等表示可气割的最大厚度（mm）。

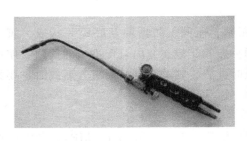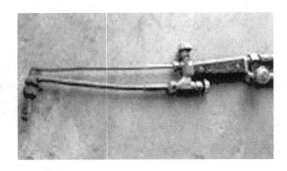

(a) 焊炬　　　　　　　　　　　(b) 割炬

图 2-2　焊炬和割炬实物

5. 胶管

主要连接气瓶和焊炬或割炬，并把氧气瓶和乙炔瓶中的气体输送到焊炬或割炬。根据 GB 9448—1999 标准规定，气焊中氧气胶管为黑色，内径为 8mm，乙炔胶管为红色，内径为 10mm。这两种胶管耐压不同，因此不能互换，更不可以用其他胶管代替。

6. 辅助工具

护目眼镜、点火枪、通针、扳手等。

二、火焰的点燃

点火时先逆时针打开乙炔阀门，再打开氧气阀门，用明火（可用电子枪或火柴等）点燃火焰。点火时可能连续出现"放炮"声，原因是乙炔不纯，应先放出不纯乙炔，然后重新点火；有时出现不易点火，原因是氧气量过大，这时应微关氧气阀门。点火时，拿火源的手不要正对焊嘴，也不要指向他人，以防烧伤。

三、火焰的调节

氧与乙炔混合燃烧所形成的火焰称为氧-乙炔焰，是气焊和气割中主要采用的火焰。正确调整和选用火焰对保证焊接和切割质量非常重要。通过调节氧气阀门和乙炔阀门，可改变氧气和乙炔的混合比例，得到三种不同的火焰：中性焰、氧化焰和碳化焰。外形和构造如图2-3所示。氧-乙炔火焰的调节包括火焰性质和火焰能率的调节。

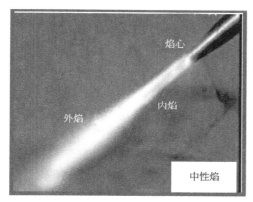

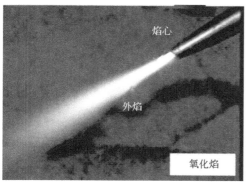

图 2-3　氧-乙炔火焰三种类型

四、火焰的熄灭

焊接完毕或中途停止需熄火时，应顺时针方向旋转乙炔阀门，先关乙炔，再顺时针方向旋转氧气阀门关闭氧气，以免发生回火并可减少烟尘。关闭阀门时不漏气即可，不要关得太紧，以防磨损太快减少焊炬的使用寿命。

五、气割的姿势

初学者可按基本的"抱切法"练习，如图2-4所示。手势如图2-5和图2-6所示。

图 2-4　抱切法姿势

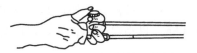
图 2-5　气割时的手势示意图

操作时，双脚成"八"字形蹲在割件的一旁，右臂靠在右膝盖上，左臂悬空在两脚中间。以便在切割时移动方便。右手握住割炬手把，用右手大拇指和食指握住下面的预热氧气调解阀，以便随时调解预热火焰（一旦发生回火，能及时切断氧气）。左手拇指和食指把住切割氧气阀开关，其余三指则平稳地托住割炬混合室，双手进行配合，掌握切割方向，如图2-6 所示。

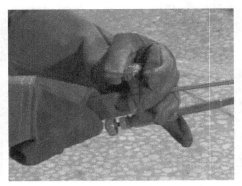
图 2-6　气割手势实物

【技能训练】

一、气割前的准备

1. 安全检查

正确准备个人劳保用品，并对场地、设备、工具、夹具进行安全检查。气割前要认真检查工作场地是否符合安全生产和气割工艺的要求，检查整个气割系统的设备和工具是否正常，然后将气割设备连接好，再开启乙炔瓶阀和氧气瓶阀，调节减压器，将乙炔和氧气压力调至需要的压力。

2. 工件清理与放置

把工件割口处的污垢、油漆、氧化皮去除干净，根据要求在割件上用石笔画好割线，做切割标记，留出割口余量，并平放好，如图2-7 所示。

放置时工件应垫平、垫高，距离地面一定高度，割口下面要悬空，有利于熔渣吹除。工件下的地面应为非水泥地面，以防水泥爆溅伤人、烧毁地面，否则应在水泥地面上遮盖石棉板等。如图 2-7（b）所示。

二、气割

根据工件的厚度正确选择气割工艺参数、割炬和割嘴规格等，如表 2-1 所示。

(a) 切割标记　　　　　　　　(b) 割件放置

图 2-7　气割前准备

表 2-1　手工气割参数

割件厚度/mm	割炬型号	割嘴型号	氧气压力/MPa	乙炔压力/MPa	火焰类型	割嘴离割件高度/mm
10	G01-30	2#	0.6	0.05	中性火焰	3～5

1. 点火操作

打开乙炔和预热氧阀门，点燃火焰，调整火焰和风线。点燃时，拿火源的手不要正对准割嘴，也不要将割嘴指向他人或可燃物，以防发生事故。切割时应使用中性焰。

火焰调节好后，打开割炬上的切割氧阀，并增大氧气流量，观察切割氧流的形状（即风线形状），风线应呈笔直清晰地圆柱体，并要有适当的长度，这样才能使割口表面光滑干净、宽窄一致。如风线形状不规则，应关闭所有的阀门，用通针清理割嘴内表面，使之光洁。

2. 起割

由右向左切割，如图 2-8 所示。开始切割时，首先用预热火焰在割件边缘预热，待呈亮红色时（既达到燃烧温度），再慢慢开启切割氧气调节阀。若看到铁水被氧气流吹掉时，再加大切割氧气流，待听到工件下面发出"噗、噗"的声音时，则说明已割透。这时应按工件的厚度，灵活掌握气割速度，沿着割线向前切割。

气割时割嘴与割件表面垂直，火焰焰心离割件表面的距离为 3～5mm，如图 2-9 所示。

气割过程中，上身不能弯得太低，要注意平稳地呼吸，操作者的眼睛要始终注视割嘴和切割线的相对

图 2-8　切割方向示意图

位置，以保证割缝平直。整个气割过程中，气割速度要均匀，割嘴与工件间的距离保持不变。每割一段移动身体时要暂时关闭切割氧调节阀。

3. 停割

气割要结束时，割嘴应向气割方向后倾一定角度，如图 2-10 所示。使割件下部先割穿，并注意余料下落的位置，然后将割件全部割断。使收尾割缝平整。气割结束后，先关闭切割氧调节阀，抬高割炬，再关闭乙炔调节阀，最后关闭预热氧调节阀。

4. 收工

当切割工作完工时，应关闭氧与乙炔瓶阀，松开减压阀调压螺钉，放出胶管内的余气。卸下减压阀，收起割炬及胶管，清扫场地。

图 2-9　焰心离工件表面距离

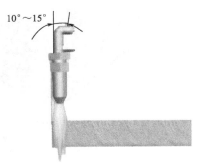

10°～15°

图 2-10　气割结束时割嘴后倾角度

三、气割安全注意事项

① 每个氧气减压器和乙炔减压器上只允许接一把焊炬或一把割炬。

② 必须分清氧气胶管和乙炔胶管，GB 9448—1999 中规定，氧气胶管为黑色，乙炔胶管为红色。新胶管使用前应将管内杂质和灰尘吹尽，以免堵塞割嘴，影响气流流通。

③ 氧气胶管和乙炔胶管如果横跨通道和轨道，应从它们下面穿过（必要时加保护套管）或吊在空中。

④ 氧气瓶集中存放的地方，10m 之内不允许有明火，更不得有弧焊电缆从瓶下通过。

⑤ 气割操作前应检查气路是否有漏气现象。检查割嘴有无堵塞现象，必要时用通针修理割嘴。

⑥ 气割工必须穿戴规定的工作服、手套和护目镜。

⑦ 点火时可先开适量乙炔，后开少量氧气，避免产生丝状黑烟，点火严禁用烟蒂，以免烧伤手。

⑧ 气割储存过油类等介质的旧容器时，注意打开人孔盖，保持通风。在气割前做必要的清理处理，如清洗、空气吹干，化验缸内气体是否处于爆炸极限之内，同时做好防火、防爆以及救护工作。

⑨ 在容器内作业时，严防气路漏气，暂时停止工作时，应将割炬置于容器外，防止漏气发生爆炸、火灾等事故。

⑩ 气割过程中，发生回火时，应先关闭乙炔阀，再关闭氧气阀。因为氧气压力较高，回火到氧气管内的现象极少发生，绝大多数回火倒袭是向乙炔管方向蔓延。只有先关闭乙炔阀，切断可燃气源，再关闭氧气阀，回火才会很快熄灭。

⑪ 气割结束后，应将氧气瓶和乙炔瓶阀关紧，再将调压器调节螺钉拧松。

⑫ 工作时，氧气瓶、乙炔瓶间距应在 5m 以上。

⑬ 气割时，注意垫平、垫稳钢板等，避免工件割下时钢板突然倾斜，伤人以及碰坏割嘴。

【实训评价与结果】

1. 评价（参照附表 1）

评价内容	个人评价	小组评价	教师评价
安全文明生产			
割缝的断面			
割缝外部形状			

2. **实训结果**

实训目的：

实训器材：

实训内容、步骤及结果：

实训收获及体会：

任务二   气焊（水平转动管的气焊）

【实训目的】

通过操作练习，使学生掌握气焊管子对接水平转动焊的施焊方法和技巧，并能独立完成水平转动管的气焊。

【试件图】

管子对接水平转动焊训练试件如图 2-11 所示。

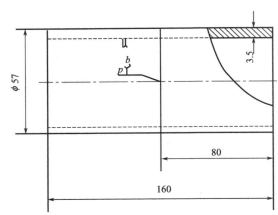

技术要求：

1. 采用氧-乙炔焰气焊水平转动焊。
2. 坡口角度 α=60°，根部间 b=1.5～2.0mm，钝边 p=0.5mm，错边量≤0.5mm。
3. 焊缝不允许有咬边及焊瘤等缺陷。

图 2-11   管子对接水平转动焊训练试件

【知识学习】

管子壁厚小于 2.5mm 时，可不开坡口就能保证焊透，当壁厚大于 2.5mm 时，为保证焊缝全部焊透，需开坡口进行焊接。管子对接水平转动焊时，由于管子可以转动，因此焊缝熔池始终可以控制在方便的位置上施焊，即在上爬坡或水平位置上施焊。

【技能训练】

一、安全检查

正确准备个人劳保用品，并对场地、设备、工具、夹具进行安全检查。气焊前要认真检查工作场地是否符合安全生产和气焊工艺的要求，检查整个气焊系统的设备和工具是否正常，然后将气焊设备连接好，再开启乙炔瓶阀和氧气瓶阀，调节减压器，将乙炔和氧气压力调至需要的压力。

二、试件清理及装配定位焊

1. 加工坡口

焊件材质为 20 钢管，尺寸为 ϕ57mm×3.5mm×80mm。将两管的接缝处加工成带钝边的 V 形坡口，钝边 0.5mm。选用 ϕ2.5mm 牌号为 H08A 的焊丝。

2. 焊前清理

用磨光机或半圆锉刀、纱布把坡口周围 20mm 范围内内外铁锈、油污、氧化皮等清理干净，如图 2-12 所示。

图 2-12　管子对接水平转动焊试件清理

3. 焊炬的握法

气焊操作时，一般右手持焊矩，将拇指位于乙炔开关处，食指位于氧气开关处，以便于随时调节气体流量。用其他三指握住焊矩柄，左手拿焊丝。

4. 管件装配定位焊

在 V 形架上进行装配，装配间隙始端为 2.0mm、终端为 2.3mm。选用 H08A 的焊丝，焊丝直径为 $\phi 2.5mm$，进行定位焊，定位焊点 2 点，相隔 120°，定位焊缝长 5～8mm。将管子置于水平位置转动定位焊接，如图 2-13 所示。

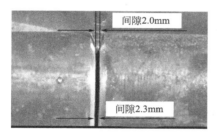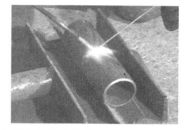

图 2-13　管子对接水平转动焊试件装配实物

三、焊接

整个接头可分两层焊完，焊接工艺参数见表 2-2，焊接操作如图 2-14 所示。

表 2-2　管子对接水平转动焊工艺参数

焊炬	焊嘴	火焰类型	氧气工作压力/MPa	乙炔工作压力/MPa	角度	焊接方向
H01-6	3#	中性焰	0.4	0.05	焊炬与管上任意一焊接点切线方向成 30°～40°，焊炬与焊丝夹角为 90°～100°	左向焊法

1. 起头

起焊点应在两定位焊点的中间位置，并与定位焊点相隔约 120°，采用左焊法爬坡焊。焊嘴与管子表面的焊点切线方向倾斜角度为 30°～40°，火焰焰心末端距熔池 3～5mm。施焊时，应先将焊件进行预热，形成熔池后填入焊丝，焊炬月牙形摆动，形成焊道。

2. 焊接

（1）打底层的焊接　熔池要控制在与管子水平中心线上方成 50°～70°的夹角范围内，如

图 2-15 所示，这样有利于控制熔池形状和使接头均匀熔透，加大熔深，同时使填充金属熔滴自然流向熔池底部，有利于控制焊缝的高度。每次焊接结束时要填满熔池，以免出现气孔、凹坑等缺陷，防止熔化金属被火焰吹成焊瘤。

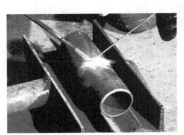

图 2-14　管子对接水平转动焊焊接实物

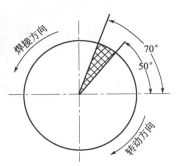

图 2-15　左焊法爬坡焊操作方法

（2）盖面层的焊接　焊炬的喷嘴焊丝与焊件夹角与打底焊相同。焊接时，焊炬要做适当的横向摆动。但火焰能率应略小些，使焊缝成形美观。

焊接时，焊丝要始终浸在熔池中。焊炬应摆动前移，以便将熔池中的氧化物和非金属夹杂物排出。

3. 焊缝接头

焊缝接头时，火焰对准原熔池下方加热使之熔化，形成新的熔池后加入少量焊丝。注意每次接头应与前焊缝重叠 8～10mm。

4. 收尾

收尾时应减小焊炬与焊件之间的夹角，同时加快焊接速度，并多加入一些焊丝，以防熔池扩大形成烧穿。而且收尾时应在钢管环焊缝接头处熔化后，方可使火焰慢慢离开熔池，防止形成气孔。

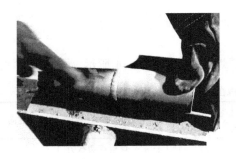

图 2-16　管子对接水平转动焊焊缝实物

5. 焊接结束

操作结束后，先关闭乙炔调节阀，再关闭氧气调节阀，再关闭氧气减压器等，清除试件表面的飞溅，如图 2-16 所示。

在整个气焊过程中，每一层焊缝要一次焊完，各层的起焊点互相错开 20～30mm。每次焊接收尾时，要填充弧坑，火焰慢慢离开熔池，以免出现气孔等缺陷。

6. 清理现场

实训结束后必须清理工具设备，关闭电源，清理打扫场地，做到"工完场清"；并有值日生或指导教师检查，作好记录。

四、注意事项

① 定位焊采用与正式焊接相同的焊丝和稍大一点的火焰；焊点的起头和结尾要圆滑过渡，焊点的表面高度不能高于焊件厚度的 1/2 位置；定位焊必须焊透，不允许出现未熔合、气孔、裂纹等缺陷。

② 焊接管子不允许将管壁烧穿，否则会增加管内液体或气体的流动阻力。

③ 焊缝不允许有焊瘤。

④ 焊缝两侧不允许有咬边。

【实训评价与结果】

1. 评价（参照附表2）

评价内容	个人评价	小组评价	教师评价
安全文明生产			
焊缝的外形尺寸			
焊缝的外观质量			

2. 实训结果

实训目的：

实训器材：

实训内容、步骤及结果：

实训收获及体会：

项目三

焊条电弧焊

任务一　平敷焊技能训练

【实训目的】

通过实训练习使学生掌握焊条电弧焊焊接过程中的引弧、起头、运条、接头、收尾等基本操作技术，并且能正确进行平敷焊操作，使得焊缝的高度和宽度符合要求，焊缝表面均匀，无缺陷。

【知识学习】

平敷焊是在平焊位置上堆敷焊道的一种焊接操作方法。通过平敷焊的练习，要熟练掌握电弧焊操作的各种基本动作和焊接参数的选择，熟悉焊机和常用工具的使用方法，为以后各种操作技能的学习打下坚实的基础。

一、引弧

引弧是指在电弧焊开始时，引燃焊接电弧的过程。根据操作手法不同，在焊条电弧焊中将引弧的方法分为以下两类。

1. 直击法

焊条与焊件表面垂直的接触，当焊条的端部与焊件表面接触时，即形成短路时，迅速将焊条提起，并保持一定距离（2～4mm），电弧立即引燃，如图3-1所示。此种方法优点在于可用于难焊位置焊接。其缺点是受焊条端部状况限制：用力过猛时，药皮会脱落，产生暂时性偏吹；操作不熟练时易粘于焊件表面。操作时必须掌握好手腕上下动作的时间和距离。

2. 划擦法

动作似擦火柴，将焊条在焊件表面划擦一下，当电弧引燃后趁金属还没有开始大量熔化的一瞬间，立即使焊条末端与被焊表面的距离维持在2～4mm的距离，电弧就能稳定燃烧，如图3-2所示，划擦法比较容易掌握。

在引弧时，如果发生焊条和焊件粘在一起时，只要将焊条左右摇动几下，就可脱离焊件，如果这时还不能脱离焊件，就应立即将焊钳放松，使焊接回路断开，待焊条稍冷后再拆下。如果焊条粘住焊件的时间过长，则会因短路电流过大使电焊机烧坏，所以引弧时，手腕动作必须灵活和准确，而且要选择好引弧起始点的位置。碱性焊条时一般采用划擦法。

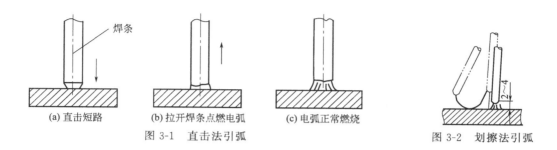

(a) 直击短路　　(b) 拉开焊条点燃电弧　　(c) 电弧正常燃烧

图 3-1　直击法引弧

图 3-2　划擦法引弧

二、运条

1. 运条的基本动作

运条是在焊接过程中，焊条相对焊缝所做的各种动作的总称。

当电弧引燃后焊条要有三个基本方向上的动作，才能使焊缝成形良好。这三个方向上的运动是：朝着熔池方向逐渐送进动作；沿焊接方向逐渐移动；横向摆动，如图 3-3 所示。正确运条是保证焊缝质量的基本因素之一，因此每个焊工都必须掌握好运条这项基本功。

（1）焊条沿轴线向熔池方向送进　朝着熔池方向逐渐送进主要用来维持所要求的电弧长度。因此，焊条送进的速度应该与焊条熔化速度相适应。如果焊条送进的速度小于焊条熔化速度，则电弧的长度将逐渐增加，导致断弧；如果焊条送进速度太快，则电弧长度迅速缩短，使焊条末端与焊件接触而发生短路，同样会使电弧熄灭。

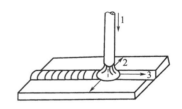

图 3-3　运条的基本动作

1—焊条送进；2—焊条摆动；

3—沿焊缝移动

（2）焊条的横向摆动　焊条的横向摆动主要为了获得一定宽度的焊缝，其摆动幅度与焊缝要求的宽度、焊条的直径有关，其摆动幅度应根据焊缝宽度与焊条直径来决定。横向摆动力求均匀一致，才能获得宽度整齐的焊缝。

（3）焊条沿焊接方向的移动　焊条的这个移动速度，对焊缝的质量也有很大的影响。移动速度太快，则电弧来不及熔化足够的焊条和母材，造成焊缝断面太小及形成未熔合等缺陷。如果速度太慢，则熔化金属堆积过多，加大了焊缝的断面，降低了焊缝的强度，在焊接较薄焊件时容易焊穿。移动速度必须适当才能使焊缝均匀。

2. 运条方法

运条的方法很多，选用时应根据接头的形式、装配间隙、焊缝的空间位置、焊条直径与性能、焊接电流及焊工技术水平等方面而定。常用的运条方法及适用范围参见表 3-1。

表 3-1　运条方法及适用范围

运条方法		运条示意图	使用范围
直线形运条法			①3～5mm 厚焊件Ⅰ形坡口对接平焊 ②多层焊的第一层焊道 ③多层多道焊
直线往返形运条法		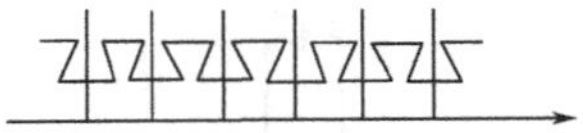	①薄板焊 ②对接平焊(间隙较大)
锯齿形运条			对接接头(平焊、立焊、仰焊) 角接接头(立焊)
月牙形运条法			同锯齿形运条法
三角形运条法	斜三角形	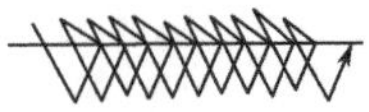	角接接头(仰焊) 对接接头(开 V 形坡口横焊)
	正三角形	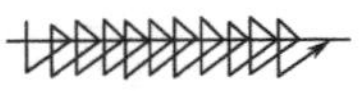	角接接头(立焊) 对接接头
圆圈形运条法	斜圆圈形		①角接接头(平焊、仰焊) ②对接接头(横焊)
	正圆圈形		对接接头(厚焊件平焊)
八字形运条法		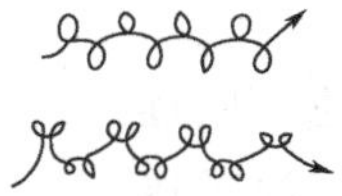	对接接头(厚焊件平焊)

【技能训练】

一、安全检查

正确准备个人劳保用品,并对场地、设备、工具、夹具进行安全检查。

二、平敷焊操作

按表 3-2 所示的平敷焊的焊接参数调整好焊机。引弧前将焊件放稳,然后在焊板上进行平敷焊。

表 3-2　平敷焊焊接参数

名称	焊条直径/mm	焊接电流/A
平敷焊	φ3.2	110～120

焊接操作时,焊工左手持焊工面罩,保护脸部;右手持焊把进行焊接。

焊条工作角(焊条轴线在和焊条前进方向垂直的平面内的投影与工件表面间的夹角)为90°。焊条前倾角 10°～20°(正倾角表示焊条向前进方向倾斜,负倾角表示焊条向前进方向的反方向倾斜),如图 3-4 所示。

在直线移动平敷焊过程中,一要严格控制焊条的操作角度,使其保持不变。平敷焊时,要视熔池形状变化调整焊条移动速度，注意使熔池直径保持不变，保证焊缝成形均匀。二要严格控制焊条的操作角度和电弧长度。

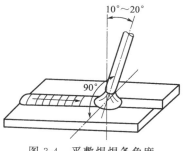

图 3-4 平敷焊焊条角度

1. 焊道的起头

起头时焊件温度较低，可在引弧后先将电弧稍微拉长，对起头处预热，然后再适当缩短电弧进行正式焊接。

2. 运条

平敷焊在练习时，焊条可做锯齿形或月牙形横向摆动。电弧长度通常为 2～4mm，碱性焊条较酸性焊条弧长要短些。

3. 焊道的连接

焊道连接一般有以下四种方式，如图 3-5 所示，分别为中间接头（尾头接头），相背接头（头头相接），相向接头（尾尾相接），分段退焊接头（头尾相接）。

（1）中间接头　后焊焊缝从先焊焊缝尾部开始焊接，这种接头形式应用最多。接头时在先焊焊道尾部前方约 10mm 处引弧，弧长比正常焊接时稍长些（碱性焊条可不拉长，否则易产生气孔），待金属开始熔化时，将焊条移至弧坑前 2/3 处，填满弧坑后即可向前正常焊接，见图 3-5 所示。

（2）相背接头　两焊缝的起头相接，要求先焊缝的起头处略低些，后焊的焊缝必须在前条焊缝始端稍前处起弧，然后稍拉长电弧将电弧逐渐引向前条焊缝的始端，并覆盖前焊缝的端头，待起头处焊平后，再向焊接方向移动，如图 3-5 所示。

（3）相向接头　相向接头是两条焊缝的收尾相接，当后焊的焊缝焊到先焊的焊缝收弧处时，焊接速度应稍慢些，填满先焊焊缝的弧坑后，以较快的速度再略向前焊一段，然后熄弧，如图 3-5 所示。

（4）分段退焊接头　后焊焊道的结尾与先焊焊道的起头相连接，要求后焊的焊缝焊至靠近前焊焊缝始端时，改变焊条角度，使焊条指向前焊缝的始端，拉长电弧，待形成熔池后，再压低电弧，往回移动，最后返回原来熔池处收弧。

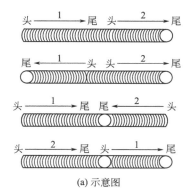

(a) 示意图

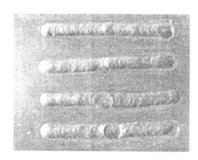

(b) 实物图

图 3-5 焊道连接方式

1—先焊焊道；2—后焊焊道

注意事项：焊缝的接头应力求均匀，防止产生过高、脱节、宽窄不一致等缺陷。引燃电弧后，将焊条电弧移至熔池后端，沿熔池形状做横向摆动。中间接头要求电弧中断时间要短，换焊条动作要快。在多层焊时，层间接头要错开，以提高焊缝的致密性。

4. 焊道的收尾

焊缝的收尾是指一条焊缝焊完后如何收弧。焊接时由于电弧吹力作用，如果收尾时将电弧突然熄灭，则焊缝表面留有凹陷较深的弧坑会降低焊缝收尾处的强度，并容易产生应力集中而引起弧坑裂纹。过快拉断电弧，液体金属中的气体来不及逸出，还容易产生气孔等缺陷。因此，收尾动作不仅要熄弧，还要填满弧坑。常用的收尾方法有以下三种。

（1）反复断弧收尾法　焊条移到焊缝终点时，在弧坑处反复熄弧—引弧—熄弧数次，直到填满弧坑为止，如图3-6所示。此方法适用于薄板和大电流焊接时的收尾，但碱性焊条不宜采用，否则容易出现气孔。

（2）划圈收尾法　焊条移到焊缝终点时，利用手腕动作使焊条尾端做圆圈运动，直到填满弧坑后再拉断电弧，如图3-7所示。此方法适用于厚板，对薄板则容易烧穿。

（3）回焊收尾法　焊条移到焊道收尾处停止，但不熄弧，将电弧慢慢抬高，适当改变焊条角度，如图3-8所示。焊条由位置1转到位置2，填满弧坑后再转移到位置3，然后慢慢拉断电弧，这时熔池会逐渐缩小，凝固后一般不出现缺陷，如图3-9所示。碱性焊条常用此法熄弧，也可用于换焊条或临时停弧时的收尾。

图3-6　反复断弧收尾法

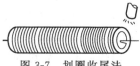

图3-7　划圈收尾法

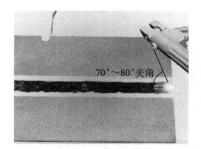

图3-8　回焊收尾法时的焊条角度

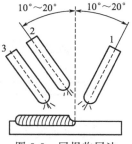

图3-9　回焊收尾法

5. 清理现场

实训结束后必须清理工具设备，关闭电源，清理打扫场地，做到"工完场清"；并有值日生或指导教师检查，作好记录。

【实训评价与结果】

1. 评价（参照附表3）

评价内容	个人评价	小组评价	教师评价
安全文明生产			
焊缝的外形			
焊缝的表面质量			

2. 实训结果

实训目的：

实训器材：

实训内容、步骤及结果：

实训收获及体会：

任务二　板 V 形坡口对接平焊

【实训目标】

本节主要要求在学习过程中，掌握板 V 形坡口对接平焊基本技能，能实现板 V 形坡口的对接平焊。

【知识学习】

平焊时焊条熔滴受重力的作用过渡到熔池，其操作相对容易。但如果焊接参数不合适或操作不当，容易在根部出现未焊透，或出现焊瘤。当运条和焊条角度不当时，熔渣和熔池金属不能良好分离，容易引起夹渣。

板厚为 10mm 时，两面焊时，一般采用不开坡口（或者说开 I 形坡口）。

开坡口的目的是保证电弧能深入到焊缝根部使其焊透，并获得良好的焊缝成形，以及便于清渣。对于合金钢来说，坡口还能起到调节母材金属和填充金属比例的作用。对接接头常用的坡口形式有 I 形、V 形、带钝边 U 形等。

【技能训练】

一、安全检查

正确准备个人劳保用品，并对场地、设备、工具、夹具进行安全检查。

二、装配及定位焊

焊件装配时应保证两板对接处平齐，板间应留有 1～2mm 间隙，错边量小于 1mm。预制出 2°～3°的反变形。反变形量获得的方法是：两手拿住其中一块钢板的两边，轻轻磕打另一块钢板，如图 3-10 所示。用一直尺放在被掷弯的试件两侧，用尺测量 H 的高度，如图 3-11 所示，H 的数值在 2～3mm，待试件焊后其变形角均在合格范围内。

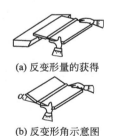

(a) 反变形量的获得

(b) 反变形角示意图

图 3-10　平板定位时预制反变形量

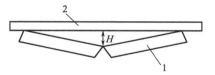

图 3-11　反变形量经验测定法

1—焊件；2—直尺

焊件的装配间隙值用定位焊缝来保证。定位焊缝是指焊前为装配和固定焊件接头的位置而焊接的短焊缝。定位焊时应采用与焊接试件相同牌号的焊条，将装配好的试件在端部进行定位焊，定位焊缝长度为 10～15mm。定位焊的起头和收尾应圆滑过渡，以免正式焊接时焊不透。定位焊缝有缺陷时应将其清除后重新焊接，以保证整个焊缝的焊接质量。定位焊的电流比正式焊接电流大些，通常大 10%～15%，以保证焊透，且定位焊缝的余高应低些，以防止正式焊接后余高过高。

试件定位焊后形状如图 3-12 所示，然后将试件装夹在焊接定位架上，如图 3-13 所示。

图 3-12　Ⅰ形坡口试件定位焊后

图 3-13　装夹试件

三、焊接操作

焊缝的起点、连接、收尾与平敷焊相同。

1. 正面焊缝的焊接

（1）第一道焊缝的焊接　焊接时，首先进行正面焊，采用锯齿形或月牙形运条法，选用 $\phi 3.2mm$ 的焊条，焊条角度如图 3-14 所示。焊接参数见表 3-3。为获得较大的熔深和焊缝宽度，运条速度要慢些，使熔深达到板厚的 2/3。

更换焊条时，应在弧坑前 10mm 处引弧，焊至弧坑处，沿弧坑形状摆动后正常施焊。

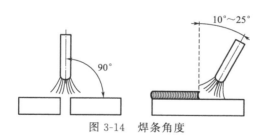

图 3-14　焊条角度

表 3-3　V 形坡口对接平焊焊接参数

焊层分布	焊接层次	焊条直径/mm	焊接电流/A
	正面 1	$\phi 3.2$	100～130
	正面 2	$\phi 4.0$	160～170
	背面 1	$\phi 4.0$	160～170

（2）第二层（盖面焊）的焊接　清理焊渣后，进行正面盖面焊。采用 $\phi 4.0mm$ 焊条可适当加大电流焊接，快速运条，保证焊缝宽度为 12～14mm，余高小于 3mm，如图 3-15 所示。在焊接过程中，如发现熔渣与熔化金属混合不清时，可把电弧稍拉长些，同时增大焊条前倾角，并向熔池后面推送熔渣，这样熔渣就被推到熔池后面，见图 3-16，可防止产生夹渣缺陷。盖面焊焊接时其焊缝接头应与第一层焊道的接头错开，并注意收弧时一定要填满弧坑，防止产生弧坑裂纹。

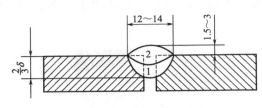

图 3-15   正面焊缝的外形尺寸

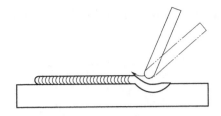

图 3-16   推送熔渣的方法

2. 背面焊缝的焊接

正面焊缝焊完后,将焊件翻转,清理背面焊渣。焊接反面焊缝时,除重要的构件外,一般不必清根。焊接时,选用直径为 $\phi 4.0mm$ 的焊条,采用锯齿或月牙形运条,此时可适当加大电流,因为正面焊缝已起到了封底的作用,所以一般不会发生烧穿现象,同时又可保证与正面焊缝焊根部分焊透。焊缝外形尺寸见图 3-17。

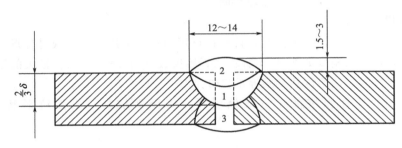

图 3-17   V 形坡口对接焊缝的外形尺寸

3. 清理现场

实训结束后必须清理工具设备,关闭电源,清理打扫场地,做到"工完场清";并有值日生或指导教师检查,作好记录。

【实训评价与结果】

1. 评价（参照附表 4）

评价内容	个人评价	小组评价	教师评价
安全文明生产			
焊缝的外形			
焊缝的表面质量			

2. 实训结果

实训目的:

实训器材:

实训内容、步骤及结果：

实训收获及体会：

任务三　板 Ⅴ 形坡口对接平焊（单面焊双面成形）

【试件图】

板 Ⅴ 形坡口对接平焊试件如图 3-18 所示。

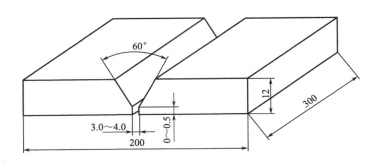

技术要求：

1. 焊前清理坡口及坡口两侧20mm范围。
2. 平对接单面焊双面成形。
3. 焊后变形量≤3°。
4. E5015型焊条装焊间隙为3.0～4.0mm；
   E4303型焊条装配间隙为3.0～4.0mm。

图 3-18　板 Ⅴ 形坡口对接平焊试件

【学习目标】

本节主要要求在学习过程中，掌握板 Ⅴ 形坡口对接平焊单面焊双面成形的基本技能，能实现板 Ⅴ 形坡口的对接平焊。

【知识学习】

板厚大于 6mm 时，为保证焊透应采用 Ⅴ 形或 Ⅹ 形等坡口形式对接，进行多层焊和多道焊。在某些重要焊接结构制作中，对于这种大厚板既要求焊透又无法在背面进行清根和重新焊接，就要采取单面焊双面成形技术。

单面焊双面成形技术是从焊件坡口正面进行焊接，在正面和背面同时形成致密、均匀焊缝的操作工艺方法。此方法不需要采取任何辅助措施，只是在焊接前组装定位时，按焊接时的不同操作手法留出不同的间隙。

平板平对接焊单面焊双面成形时，由于焊件处在水平位置，与其他焊接位置相比，操作方便，应用较广，它是进行板、管试件各种焊接位置焊接操作的基础，也是焊工技能培训和考核的重要内容之一。此技能的难点是打底焊时，熔孔不易观察和控制，焊缝背面易产生超高或焊瘤等缺陷。

【技能训练】

一、安全检查

正确准备个人劳保用品，并对场地、设备、工具、夹具进行安全检查。

二、装配与定位焊

1. 装配间隙

起始端间隙为 3.0mm，末端间隙为 4.0mm，如图 3-19 所示。预留反变形量 3°～4°，错边量≤1.0mm。

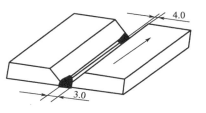

图 3-19 装配间隙

反变形量获得的方法是：两手拿住其中一块钢板的两边，轻轻磕打另一块钢板，如图 3-20 所示。装配时可分别将直径 3.2mm 和 4.0mm 的焊条夹在试件两端，用一直尺搁在被掷弯的试件两侧，中间的空隙能通过一根带药皮的焊条，如图 3-21 所示（试件宽度为 100mm 时，放置直径 3.2mm 焊条；宽度为 125mm 时，放置直径 4.0mm 焊条）。这样预置反变形量待试件焊后其变形角均在合格范围内。

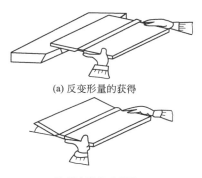

(a) 反变形量的获得

(b) 反变形角示意图

图 3-20 平板定位时预置反变形量

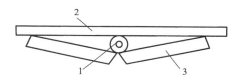

图 3-21 反变形量经验测定法

1—焊条；2—直尺；3—焊件

2. 定位焊

采用与焊接试件相同牌号的焊条，将装配好的试件在端部进行定位焊，并在试件反面两端点焊，焊缝长度为 10～15mm。始焊可少焊些，终端应多焊一些，以防止在焊接过程中收缩造成未焊段坡口间隙变窄影响焊接。定位焊后将焊件放置在工位架上，如图 3-22 所示。

图 3-22 工位架上待焊的焊件

三、焊接

厚板焊接时应开坡口，以保证根部焊透。开 V 形坡口，采用多层焊。

12mm 板 V 形坡口对接平焊焊接参数参照表 3-4 和表 3-5。碱性焊条和酸性焊条打底层焊接时都可采用断弧焊的方式。

表 3-4 12mm 板 V 形坡口对接平焊（碱性焊条单面焊双面成形）焊接参数

焊道分布	焊接层次	焊条直径/mm	焊接电流/A	运条方式	装配间隙/mm
	打底层 1	φ3.2	80～90	连弧焊	3.0～3.3
			100～110	断弧焊	3.0～4.0
	填充层 2、3	φ4.0	170～180		
	盖面层 4	φ4.0	165～175		

表 3-5　12mm 板 V 形坡口对接平焊（酸性焊条单面焊双面成形）**焊接参数**

焊道分布	焊接层次	焊条直径/mm	焊接电流/A	运条方式
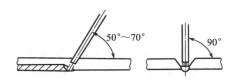	打底层 1	$\phi 3.2$	100～110	断弧焊
	填充层 2、3	$\phi 4.0$	170～180	
	盖面层 4	$\phi 4.0$	165～175	

1. 打底层（第一层）焊道

打底焊是保证单面焊双面成形焊接质量的关键。打底层的焊接目前有断弧焊和连弧焊两种方法。

（1）断弧焊法　断弧法焊接时，电弧时燃时灭，靠调节电弧燃、灭时间长短来控制熔池温度，焊接参数选择范围较宽，是酸性焊条常用的一种打底层焊接方法。

焊接时，选择焊条直径为 $\phi 3.2$mm，焊接电流为 100～110A。首先在定位焊缝上引燃电弧，再将电弧移到坡口根部，以稍长的电弧（3～4mm）在该处摆动 2～3 个来回进行预热。然后立即压低电弧（约 2mm），可听到电弧穿透坡口而发出的"噗噗"声。同时定位焊缝及相接坡口两侧金属开始熔化，并形成熔池。这时迅速提起焊条，熄灭电弧。此处所形成的熔池是整条焊道的起点，常称为熔池座。

熔池座形成后即转入正式焊接。焊接时采用短弧焊，焊条前倾角为 50°～70°，如图 3-23 所示。正式焊接引燃电弧的时机应在熔池座金属未完全凝固，熔池中心半熔化，从护目镜下观察该部分呈黄亮色的状态。在坡口的一侧重新引燃电弧，并盖住熔池金属的 2/3 处。电弧引燃后立即向坡口的另一侧运条，在另一侧稍作停顿之后迅速向斜后方提起熄弧，这样便完成了第一个焊点的焊接。

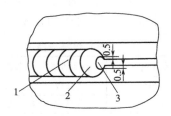

图 3-23　对接平焊打底焊的焊条角度

电弧从开始引燃至熄弧所产生的热量，约 2/3 用于加热坡口的正面熔池座前沿，并使熔池座前沿两侧产生两个大于装配间隙的熔孔，如图 3-24 所示。另外 1/3 的热量透过熔孔加热背面金属，同时将熔滴过渡到坡口的背面。这样贯穿坡口正、反两面的熔滴就与坡口根部及熔池座形成一个穿透坡口的熔池，凝固后形成穿透坡口的焊点。

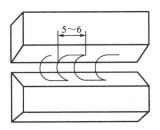

图 3-24　板对接平焊时熔孔的位置与大小

1—焊缝；2—熔孔；3—熔池

图 3-25　连弧法运条方式

　　下一个焊点的操作与第一个焊点相同，操作中应注意每次引弧的间距和电弧燃灭的节奏要保持均匀平稳，以保证坡口根部熔化深度一致，焊道宽窄、高低均匀。电弧燃、灭节奏一般在每分钟 45～55 次，每个焊点使焊道前进 1.5～2.5mm，正、反两面焊道高在 2mm 左右。更换焊条动作要快，使焊道在较高温度下连接，以保证连接处的质量。

　　（2）连弧焊法　采用连弧法进行打底层焊接时，电弧连续燃烧，采取较小的根部间隙，选用较小的焊接电流。焊接时，电弧始终处于燃烧状态并做有规则的摆动，使熔滴均匀过渡到熔池。连弧法背面成形较好，热影响区分布均匀，焊接质量较高。

　　焊接时，选取焊条直径为 ϕ3.2mm，焊接电流为 80～90A，从一端施焊，在定位焊点一侧坡口上引弧后，在坡口内侧采用与锯齿形相仿的运条方式，如图 3-25 所示。

　　焊缝接头时，在弧坑后 10mm 处引弧，然后再以正常运条至熔池的前端，将焊条下压并稍作停留后焊条提起 1～2mm，向前运条施焊，焊接接头前的焊道，如图 3-26 所示。

　　收弧时，应缓慢将焊条向左或向右后方带一下，随后即收弧，这样可以避免在弧坑表面产生冷缩孔。

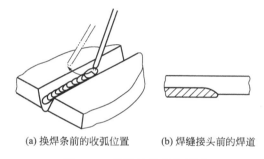

(a) 换焊条前的收弧位置　　(b) 焊缝接头前的焊道

图 3-26　焊接接头前的焊道

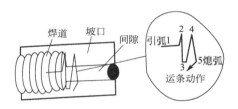

图 3-27　断弧焊接头运条方式

　　本任务中采用断弧打底的方法，具体操作是在定位焊起弧处引弧，待电弧引燃并稳定燃烧后再把电弧运动到坡口中心，电弧下压，并做小幅度横向摆动，同时看到每侧坡口边缘熔化并形成第一个熔池，此时立即断弧，动作要果断。断弧焊接头运条方式如图 3-27 所示。待熔池稍微冷却，透过目镜观察熔池液态金属逐渐变暗，将焊条端部迅速做小幅度横向摆动到熔孔，进行第二个熔池的焊接。这样反复类推，完成打底层的焊接。

2. 填充层焊接

　　填充层施焊前应对前一层焊缝仔细清渣，特别是死角处理更要干净。填充焊的运条手法为月牙形或锯齿形，焊条摆动幅度大些，在坡口两侧停留时间稍长，应保证焊道表面平整并略下凹。焊条与焊接前进方向的角度为 70°～90°，如图 3-28 所示。填充层采用直径为 ϕ4.0mm 的焊条，焊接电流为 170～180A。填充焊共两层。填充焊时应注意以下几点：

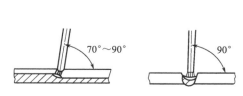

图 3-28　填充层焊时的焊条角度

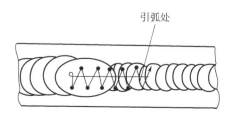

图 3-29　填充层焊缝接头方法

① 焊条摆动到两侧坡口处要稍作停留，保证两侧有一定的熔深，并使填充焊道略向下凹。

② 第二道填充层焊缝厚度应低于母材表面0.5～1mm。要注意不能熔化坡口两侧的棱边，以便于盖面焊接时掌握焊缝宽度。

③ 填充层焊缝接头方法如图3-29所示，在弧坑前10mm处引弧，回焊至弧坑处，沿弧坑形状将弧坑填满后，再正常施焊。各填充层焊接时其焊缝接头应错开。

④ 更换焊条时位置要准，电弧到原弧坑处，估计新熔池的后沿与原弧坑后沿相切时立即将焊条前移，开始连续焊接。

⑤ 注意第一道填充层焊缝厚度不易过厚，否则温度过高易将打底层的焊缝完全熔化，形成焊穿或焊缝塌陷造成背面焊缝超高。

⑥ 各层焊缝焊接时其焊缝接头应错开。

3. 盖面层焊接

采用直径4.0mm焊条时，焊接电流比填充层电流应稍小一点；要使熔池形状和大小保持均匀一致，焊条与焊接方向夹角应保持80°～90°；采用月牙形运条法或锯齿形运条法；焊条摆动到坡口边缘时应稍作停顿，以免产生咬边。

更换焊条收弧时要迅速，并在弧坑前10mm左右处引弧，然后将电弧退至弧坑的2/3处，填满弧坑后正常进行焊接。接头时应注意，若接头位置偏后，则接头部位焊缝余高过高；若接头偏前，则焊道脱节。焊接时应注意保证熔池边沿不得超过表面坡口棱边2mm；否则，焊缝超宽。

焊接时由于电弧的吹力熔池呈凹坑状，如收尾时立即拉断电弧，则会产生一个低于焊道表面或焊件平面的弧坑，使收尾处强度降低。也易产生应力集中而形成弧坑裂纹。所以每层焊缝结束收弧时一定要注意填满弧坑，盖面层的收弧采用划圈收尾法和回焊收尾法，最后填满弧坑使焊缝平滑。

焊完后的试件如图3-30、图3-31所示。

图3-30　板对接平焊件正面

图3-31　板对接平焊件背面

4. 清理现场

实训结束后必须清理工具设备，关闭电源，清理打扫场地，做到"工完场清"；并有值日生或指导教师检查，作好记录。

【实训评价与结果】

1. 评价（参照附表4）

评价内容	个人评价	小组评价	教师评价
安全文明生产			
焊缝的外形			
焊缝的表面质量			

2.　**实训结果**

实训目的：

实训器材：

实训内容、步骤及结果：

实训收获及体会：

任务四　板 V 形坡口对接立焊（单面焊双面成形）

【实训目的】

通过学习使学生掌握焊条电弧焊的板对接立焊单面焊双面成形的操作技巧和运条操作方法，能实现焊条电弧焊的连弧和断弧焊。

【试件图】

板 V 形坡口对接立焊试件见图 3-32。

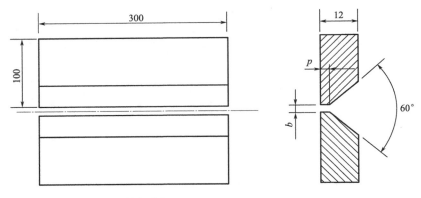

技术要求：

1. 焊前清理坡口及坡口两侧20mm范围。
2. 立位焊单面焊双面成形。
3. E5015型焊条装焊间隙为b=3.0～3.2mm；
   E4303型焊条装配间隙为b=3.2～4.5mm。
4. 钝边p=0.5～1mm。
5. 焊后变形量≤3°。

图 3-32　板 V 形坡口对接立焊试件

【知识学习】

立焊时焊缝倾角为90°，熔池金属和熔滴因受重力作用具有下坠趋势，和焊件分开，所以容易产生焊瘤。由于熔渣的熔点低、流动性强，熔池金属和熔渣容易分离，不容易产生夹渣。但由于熔池部分脱离熔渣的保护，所以如果操作或运条角度不当时，容易产生气孔。

【技能训练】

一、安全检查

正确准备个人劳保用品，并对场地、设备、工具、夹具进行安全检查。

二、焊前准备

① 试件：16MnR 板，12mm×300mm×100mm，V 形坡口，角度30°。

② 焊条：型号 E5015，牌号 J507，直径 ϕ3.2mm；型号 E4303，牌号 J422，直径 ϕ3.2mm。

③ 电源极性：直流反接。

④ 清理与装配：坡口边缘修磨露出金属光泽，并在坡口处打磨出钝边，使钝边尺寸保

持在 0.5～1.0mm。

如果采用碱性焊条焊接时，装配间隙为 3.0～3.2mm，用酸性焊条焊接时装配间隙为 3.2～4.5mm，错边量≤1mm。立焊反变形角度为 2°～3°，并在焊件两端进行定位焊，焊缝长 10～15mm。

三、主要焊接参数

板 V 形坡口对接立焊焊接参数见表 3-6 和表 3-7。

表 3-6 板 V 形坡口对接立焊（碱性焊条）焊接参数

焊道分布	焊接层次	焊条直径/mm	焊接电流/A	运条方式
	打底焊 1	φ3.2	80～85	锯齿形、连弧
	填充焊 2	φ3.2	105～125	月牙形、锯齿形
	盖面焊 3	φ3.2	105～115	月牙形、锯齿形

表 3-7 板 V 形坡口对接立焊（酸性焊条）焊接参数

焊道分布	焊接层次	焊条直径/mm	焊接电流/A	运条方式
	打底焊 1	φ3.2	95～105	锯齿形、断弧
	填充焊 2	φ3.2	90～100	月牙形、锯齿形
	盖面焊 3	φ3.2	90～100	月牙形、锯齿形

四、操作方法

1. 打底层的焊接

焊条角度如图 3-33 所示，焊条与板面垂直，与焊接方向成 80°～90°；直径为 3.2mm 的焊条，酸性焊条采用断弧法焊接（碱性焊条采用连弧焊），并根据间隙大小，灵活运用操作手法。

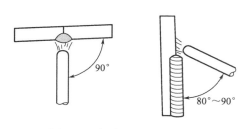

图 3-33 打底层焊接时的角度

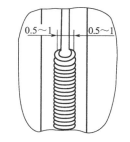

图 3-34 立焊时的熔孔

在定位焊起弧处引弧，先拉长电弧预热坡口根部，然后压低电弧，并做小幅度横向摆动，听到"噗噗"声，同时看到每侧坡口边熔化 0.5～1.0mm，并形成第一个熔池，立即把电弧拉向坡口边，另一侧形成第二个、第三个、…，完成打底层的焊接。

为使根部焊透，而背面又不致产生塌陷，这时在熔池上方要熔穿一个小孔，其直径等于或稍大于焊条直径。立焊时熔孔可比平焊时稍大些，熔池表面呈水平椭圆形较好，如图 3-34

所示。如果运条到焊缝中间时不加快运条速度，熔化金属就会下淌，使焊缝外观不良。当中间运条过慢而造成金属下淌后，形成凸形焊缝，会导致施焊下一层焊缝时产生未焊透和夹渣。

2. 填充层的焊接

首先对打底焊缝仔细清查，应特别注意死角处的焊渣清理。焊缝接头过高处打磨平整。

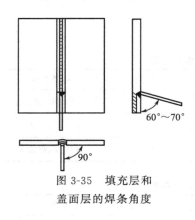

图 3-35　填充层和盖面层的焊条角度

焊条采用横向锯齿形运条法摆动，并做到"中间快、两边慢"，即焊条摆动到两侧坡口处要稍作停顿，以利于熔合及排渣，并防止焊缝两边产生死角。运条时，焊条与试件的下倾角为 60°～70°，如图 3-35 所示。焊接时还要注意不能破坏坡口的棱边。

3. 盖面层的焊接

施焊前应将前一层的焊渣和飞溅清除干净，运条方法可根据对焊缝余高的不同要求加以选择。如要求余高稍大时，焊条可做月牙形摆动；如要求稍平时，焊条可做锯齿形摆动。运条速度要均匀，摆动要有规律，并在坡口边缘稍作停留，这样盖面层焊缝不仅较薄，而且焊波较细，平整美观。

接头时要注意避免焊缝过高和脱节。引弧时一定要在坡口内，避免在焊件表面有很多引弧痕迹。立焊收弧时，方法比较简单，采用反复断弧收尾法收尾即可。注意焊缝尾部要饱满，应无任何焊缝缺陷。

注意事项：

① 焊接时要时刻观察熔池的变化，分清铁水和熔渣，避免产生夹渣。密切注意熔池温度，避免熔池温度过高形成焊瘤。

② 焊接时采用短弧焊接，接头采用冷接头或热接头均可。

③ 正确掌握焊条角度和运条手法。

④ 每层焊道的熔渣要清理干净，特别是死角的熔渣。

4. 清理现场

实训结束后必须清理工具设备，关闭电源，清理打扫场地，做到"工完场清"；并有值日生或指导教师检查，作好记录。

【实训评价与结果】

1. 评价（参照附表 4）

评价内容	个 人 评 价	小 组 评 价	教 师 评 价
安全文明生产			
焊缝的外形			
焊缝的表面质量			

2. 实训结果

实训目的：

实训器材：

实训内容、步骤及结果：

实训收获及体会：

任务五　板Ⅴ形坡口对接横焊（单面焊双面成形）

【实训目的】

通过学习使学生掌握焊条电弧焊的板对接横焊单面焊双面成形的操作技巧和运条操作方法，能实现焊条电弧焊的连弧和断弧焊。

【试件图】

板Ⅴ形坡口对接横焊试件见图3-36。

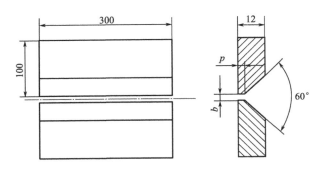

技术要求：

1. 焊前清理坡口及坡口两侧20mm范围。
2. E5015型焊条装焊间隙为 b=3.0～4.0mm；
   E4303型焊条装配间隙为 b=3.2～4.5mm。
3. 钝边 p=0.5～1mm。
4. 焊后变形量≤3°。

图3-36　板Ⅴ形坡口对接横焊试件

【知识学习】

板对接横焊的操作工艺难度比较大，易产生铁水下流至下坡口面上容易形成未熔合和层间夹渣，并在坡口上边缘易产生咬边，下边缘易形成液态金属下坠导致焊缝正面成形不良等焊接缺陷。在使用碱性低氢型焊条时，可以通过正确掌握焊接方法克服和消除缺陷，获得良好的焊缝成形并保证焊接质量。

【技能训练】

一、安全检查

正确准备个人劳保用品，并对场地、设备、工具、夹具进行安全检查。

二、焊前准备

① 试件：16MnR板，12mm×300mm×100mm，Ⅴ形坡口，角度30°，下板不留钝边，上板留1～1.5mm的钝边，如图3-37所示。

② 焊条：型号E5015，牌号J507，直径 ϕ3.2mm。

③ 电源极性：直流反接。

④ 清理与装配：坡口边缘修磨露出金属光泽，并在坡口处打磨出钝边，使钝边尺寸保

持在 $1\sim1.5mm$。

　　装配间隙 $3.0\sim4.0mm$，错边量 $\leqslant1mm$。立焊反变形量角度为 $3°\sim5°$，并在焊件两端进行定位焊，焊缝长度 $\leqslant10mm$。

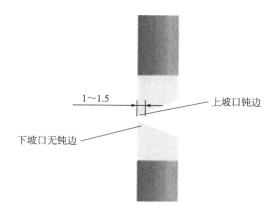

$1\sim1.5$　　上坡口钝边

下坡口无钝边

图 3-37　横焊坡口示意图

三、主要焊接参数

板 V 形坡口对接横焊焊接参数见表 3-8。

表 3-8　板 V 形坡口对接横焊焊接参数

焊道分布	焊接层次	焊条类型	焊条直径/mm	焊接电流/A	运条方式
	打底焊	碱性焊条	$\phi3.2$	$95\sim105$	断弧焊
		酸性焊条	$\phi3.2$	$95\sim105$	断弧焊
	填充焊	碱性焊条	$\phi3.2$	$115\sim135$	直线形
		酸性焊条	$\phi3.2$	$110\sim120$	直线形
	盖面焊	碱性焊条	$\phi3.2$	$105\sim125$	直线形
		酸性焊条	$\phi3.2$	$105\sim115$	

四、操作方法

1. 打底层的焊接

　　如图 3-38 所示，将试板装夹在焊接工位架上。打底层焊接采用断弧运条法，焊条角度如图 3-39 所示，焊条与板面垂直，与焊接方向成 $70°\sim80°$；直径为 3.2mm 的焊条，采用断弧法焊接，并根据间隙大小，灵活运用操作手法。

　　在定位焊起弧处引弧，先拉长电弧预热坡口根部，然后压低电弧，并做小幅度锯齿形摆

图 3-38　横焊装配定位

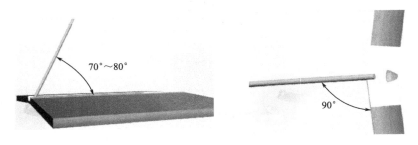

图 3-39　打底层焊接时的角度

动，听到"噗噗"声，同时看到每侧坡口边熔化 0.5～1.0mm，并形成第一个熔池，立即把电弧拉向坡口边一侧往下断弧，动作要果断。

为使根部焊透，而背面又不致产生塌陷，这时在熔池上方要熔穿一个小孔，其直径为 1～1.5mm，熔池表面呈水平椭圆形较好，如图 3-40 所示。

图 3-40　横焊时的熔孔

2. 填充层的焊接

施焊前应将打底层的熔渣飞溅清理干净。采用直线形运条方法，焊接参数如表 3-8 所示。填充层的第一道焊缝，焊条角度保证与下侧板面成 90°角，对准打底层下侧焊趾位置，运条速度均匀有规律。填充层的第二道焊缝焊接时，焊条角度应适当下调（下调角度应根据第一道焊缝高度和温度适当调整）。焊条应对准第一道上侧焊趾，保证两焊缝重叠 1/2 或 1/3 左右，如图 3-41 所示。焊条做直线形有规律均匀运动，保证两焊道表面与水平面垂直。

填充焊的第二层焊缝焊接时的焊条角度及注意事项与第一层填充层相同。填充层焊完后焊缝表面要低于母材 1～1.5mm，如图 3-42 所示，并且不能熔化坡口两侧的棱边，为盖面焊打下基础。

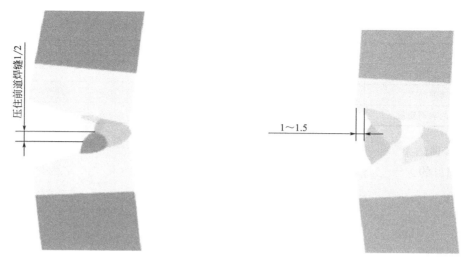

图 3-41 填充层第二道焊缝位置   图 3-42 填充层焊缝高度

3. 盖面层的焊接

施焊前应将填充后的熔渣飞溅清理干净，采用直线形运条方法。焊接盖面层第一道焊缝时，焊条应对准坡口下侧棱边，焊条角度应与板面成 90°角。运条速度应均匀且有规律，使焊缝平整美观。焊接第二道、第三道、第四道焊缝时，焊条角度应作适当下调，保证两焊缝重叠 1/2 或 1/3 左右，并保证熔池边缘超过表面坡口棱边 1～2mm，如图 3-43 所示。

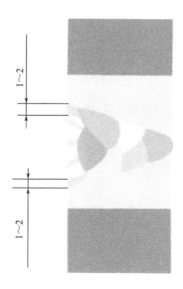

图 3-43 熔池边缘超过表面坡口棱边的距离

4. 清理现场

实训结束后必须清理工具设备，关闭电源，清理打扫场地，做到"工完场清"；并有值日生或指导教师检查，作好记录。

【实训评价与结果】

1. 评价（参照附表 4）

评 价 内 容	个 人 评 价	小 组 评 价	教 师 评 价
安全文明生产			
焊缝的外形			
焊缝的表面质量			

2. 实训结果

实训目的：

实训器材：

实训内容、步骤及结果：

实训收获及体会：

任务六 板 V 形坡口对接仰焊（单面焊双面成形）

【实训目的】

通过学习使学生掌握焊条电弧焊的板对接仰焊单面焊双面成形的操作技巧和运条操作方法，能实现碱性焊条电弧焊的连弧和断弧焊。

【试件图】

板 V 形坡口对接仰焊试件如图 3-44 所示。

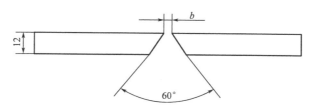

技术要求：
1. 焊前清理坡口及坡口两侧 20mm 范围。
2. 仰位焊单面焊双面成形。
3. 装配间隙 b=3.0～4.2mm。
4. 反变形角度 3°～4°

图 3-44 板 V 形坡口对接仰焊试件

【知识学习】

板对接仰焊是板状试件中较困难的焊接位置，成为各类焊工比赛的考试项目，焊接时不使用电动工具，更增加了施焊难度。焊接时，焊工视线不好，熔池不易观察；铁水受重力作用容易下坠。因此，背面焊道易产生凹陷，正面焊道易产生咬边和超高等缺陷。

【技能训练】

一、安全检查

正确准备个人劳保用品，并对场地、设备、工具、夹具进行安全检查。

二、焊前准备

① 试件：16MnR 板，12mm×300mm×100mm，V 形坡口，角度 30°。
② 焊条：型号 E5015，牌号 J507，直径 ϕ3.2mm。
③ 电源极性：直流反接。
④ 清理与装配：坡口边缘修磨露出金属光泽，并在坡口处打磨出钝边，使钝边尺寸保持在 0.5～1.0mm。
⑤ 预制反变形角度为 3°～4°，并在焊件两端进行定位焊，焊缝长 10～15mm，错边量不大于 0.5mm，如图 3-45 所示，并对装配位置和定位焊质量进行检查。

三、主要焊接参数

板 V 形坡口对接仰焊焊接参数见表 3-9。

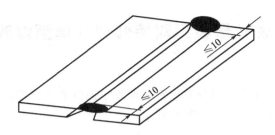

图 3-45　板对接仰焊装配

表 3-9　**板 V 形坡口对接仰焊（碱性焊条）焊接参数**

焊道分布	焊接层次	焊条直径/mm	焊接电流/A	运条方式
	打底焊 1	ϕ3.2	90～100	锯齿形、断弧
	填充焊(2、3 道)	ϕ3.2	100～110	月牙形、锯齿形
	盖面焊 4	ϕ3.2	90～100	月牙形、锯齿形

四、操作方法

1. 打底层的焊接

焊件的焊缝与水平面平行，处于焊工的仰视位置，并固定在离地面一定距离（600mm左右）的工装上，间隙小的一端在远端，且从该端开始焊接。采用断弧法打底；严格采用短弧焊，每分钟 25～30 次，断弧时间 0.8s 左右，以控制熔池存在的时间不能太长。焊接时，焊条向上顶深一些，以保证较强的电弧穿透力，使背面焊透、成形饱满，不至于下凹。焊条角度如图 3-46 所示，焊条与板面垂直，与焊接方向成 70°～80°，采用锯齿形运条法。

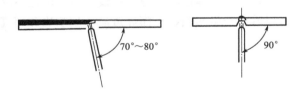

图 3-46　打底层的焊条角度

收弧方法：当焊完一根焊条要收弧时，应使焊条向试件的左或右侧回拉 10～15mm，并迅速提高焊条熄弧，使熔池逐渐减小，填满弧坑并形成缓坡，以避免在弧坑处产生缩孔等缺陷，并利于下一根焊条的接头，接头采用热接法焊接。

2. 填充层的焊接

填充层施焊前，应将前一层的熔渣、飞溅清除干净、焊缝接头处的焊瘤打磨平整。采用锯齿形运条法，也可以采用月牙形运条法，如图 3-47 所示。焊接时，注意分清金属液和熔渣，并控制熔池的大小、形状和温度。焊接速度要稍微快些，每层的熔敷金属量要小些，使熔池很快冷却，避免产生焊瘤。

焊接第二层填充层时，必须注意不能损坏坡口的棱边。焊缝中间运条速度要稍快些，两侧稍作停顿，形成中部凹形的焊缝，如图 3-48 所示。填充层焊完后的焊缝应比坡口上棱边低 1mm 左右，不能熔化坡口的棱边，以便于盖面层焊接时好控制焊缝的平直度。

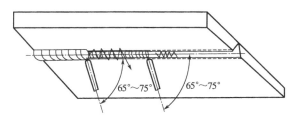

图 3-47 仰焊的运条方法及焊条角度

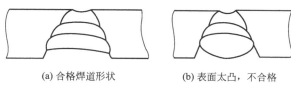

(a) 合格焊道形状 　　　　　　　(b) 表面太凸，不合格

图 3-48 填充层焊道的形状

3. 盖面层的焊接

盖面层的焊接与填充层基本相同。焊条角度和运条方法如图 3-47 所示。焊接过程中要严格采用短弧焊接，运条速度要均匀，焊条摆动的幅度和间距要一致。焊条摆动时，在坡口边缘稍作停顿，使坡口边缘熔合良好，防止咬边、未熔合和焊瘤等缺陷。

4. 清理现场

实训结束后必须清理工具设备，关闭电源，清理打扫场地，做到"工完场清"；并有值日生或指导教师检查，作好记录。

【实训评价与结果】

1. 评价（参照附表 4）

评 价 内 容	个 人 评 价	小 组 评 价	教 师 评 价
安全文明生产			
焊缝的外形			
焊缝的表面质量			

2. 实训结果

实训目的：

实训器材：

实训内容、步骤及结果：

实训收获及体会：

任务七　水平管的焊接

【试件图】

水平管子对接焊试件如图 3-49 所示。

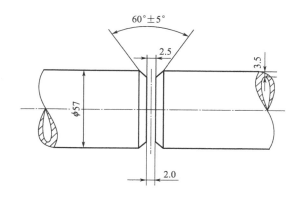

技术要求:
1. 焊前清理坡口两侧各20mm范围。
2. 装配要求钝边0.5～1mm，无毛刺，错边量≤0.5mm，
   上部间隙为2.5mm，下部间隙为2.0mm。

图 3-49　水平管子对接焊试件

【学习目标】

本节主要要求在学习过程中，掌握焊条电弧焊的管子对接水平转动、水平固定焊的焊接方法，能够根据现场情况，通过调节焊接电流、电弧长度等焊接参数实现固定管子焊接。

【知识学习】

水平固定管的焊接包括仰、立、平三种位置，亦称为全位置焊。因为焊接时焊缝是环形的，所以焊接过程中要随焊缝位置的变化而相应调整焊条角度，才能保证正常焊接。

【技能训练】

一、水平固定管焊接

1. 坡口准备

每段管子长度为 100～110mm，由于焊缝是环形的，焊条角度变化很大，如图 3-50 所示，操作比较困难，应注意每个环节的操作要领。

在坡口附近 20mm 左右的区域，用砂纸或钢丝刷清理，直至露出金属光泽。组装时，管子轴线中心必须对正，内外壁要齐平，避免产生错口现象，如图 3-51 所示。焊接时，由于管子处于吊焊位置，一般先从管子底部起焊。考虑到焊接时焊缝冷却收缩不均，所以对大直径管子，其平焊位置的接口间隙大于仰焊位置的间隙 0.5～2mm。接口间隙过大，焊接时容易烧穿，形成焊瘤，间隙过小，会形成未焊透等缺陷。如果对焊缝熔透要求不高，接口间隙可适当减小，以便于施焊。

2. 定位焊

定位焊焊点的数量，一般以管径大小确定。ϕ57mm 钢管定位焊 2 处为宜，定位缝在水平或斜平位置上，如图 3-52 所示。定位焊缝长度一般为 5～10mm。定位焊时用直径为ϕ2.5mm 的焊条，焊接电流 70～80A。起焊处要有足够的温度，以防止焊条粘合，收尾时弧坑要填满。对于要求高的管子要严格控制定位焊质量，定位焊缝的两端用锉刀、砂轮打出缓坡，以保证接头焊透。当发现定位焊缝的两端有凹陷、未焊透、裂纹等缺陷，应铲除缺陷后重新定位焊。

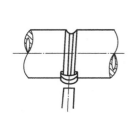

图 3-50 水平固定管焊接操作

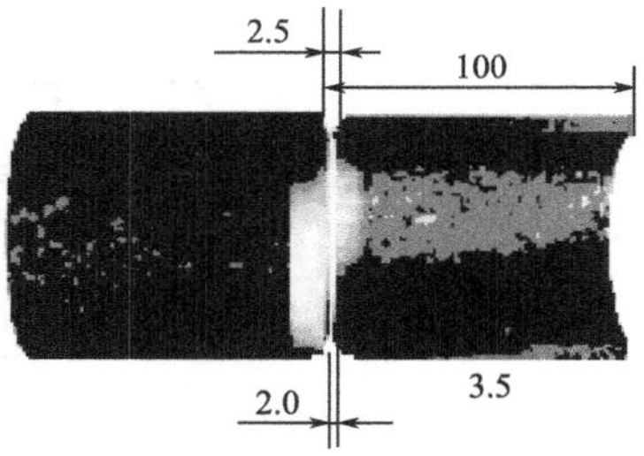

图 3-51 水平固定管的组对

3. 焊接

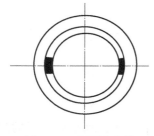

图 3-52 水平固定管
定位焊示意图

水平固定焊接常从管子底部的仰焊位置开始，分两个半部焊接。先焊的一半叫前半部，后焊的一半叫后半部。两半部焊接都按照仰—立—平的顺序进行，这样操作有利于熔化金属与熔渣很好地分离，焊缝成形容易控制。水平固定管焊焊接参数见表 3-10。

（1）打底层的焊接　用直径 2.5mm 的焊条，先在前半部仰焊的坡口边上用直击法引弧后，将电弧引至坡口间隙中，用长弧烤热起焊处，坡口两侧接近熔化状态（即金属表面有"汗珠"时），立即压低电弧，焊条往上顶送，形成第一个熔池。如此反复一直向前移动焊条。当发现熔池温度过高，熔化金属有下淌的趋势时，采取断弧方法，待熔池稍有变暗，即重新引弧，引弧部位应在熔池前面。

为了消除或减少仰焊部位的内凹现象，除了合理选择坡口角度和电流之外，引弧动作要准确和稳定，灭弧动作要果断，要保持短弧，电弧在坡口两侧停留时间不宜过长。

表 3-10　水平固定管焊焊接参数

焊道分布	焊接层次	焊条直径/mm	焊接电流/A
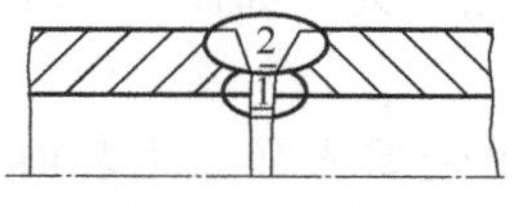	打底焊 1	ϕ2.5	70～80
	盖面焊 2	ϕ2.5	70～80

从下向上焊接，操作位置不断变化，焊条角度必须相应变化。在平焊位置操作时，易在背面产生焊瘤。电弧不能在熔池的前半部多停留，焊条可以幅度不大地横向摆动，这样也使背面有较好的成形。

在爬坡位置操作时，要采用顶弧焊，即将焊条前倾，并稍做横向摆动，如图 3-53 所示。

当距接头处 3~5mm 即将封闭时，绝不可以灭弧。接头封闭时，应把焊条向里压一下，这时听到电弧打穿焊缝根部的"噗噗"声，保证充分熔合，填满弧坑后熄弧。当与定位焊缝相接时，也需用上述方法接头。

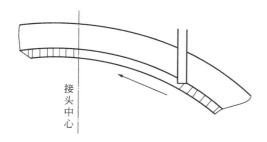

图 3-53 平焊位置接头用顶弧焊法

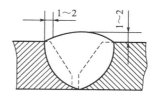

图 3-54 管子焊缝盖面层的要求

（2）盖面层的焊接 焊好盖面焊层不单是为了焊缝美观，也为了保证焊缝质量。焊缝与管子应平滑过渡，如图 3-54 所示。为了使焊缝圆滑过渡，运条方法可采用月牙形，摆动稍慢而平稳，使焊纹均匀美观。

二、管子水平转动的焊接

对于管段、法兰等可拆的、重量不大的焊件，可以应用转动焊接法。

1. 装配及定位焊

对口及定位焊方法与水平管子固定焊接相似，最好不采取在坡口内直接定位的方式，而用钢筋或适当尺寸的小钢板在管子外壁进行定位焊。为便于装配，可选用一根 60mm×60mm×400mm 的角钢（可用槽钢）。将角钢按船形位置固定在焊接平台上，如图 3-55 所示。把钢管放置在 90°角钢中间，两坡口端对齐，进行定位焊。

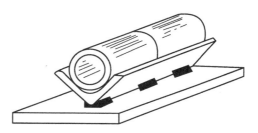

图 3-55 管子对接试件装配胎具

管子按要求进行组对后，可以在坡口根部定位焊，一般以管径大小确定定位焊数量。φ57mm 的钢管定位焊以 2 处为宜，两焊点间隔 120°，定位焊缝位于管道截面上相当于"10 点钟"和"2 点钟"的位置，如图 3-56 所示。定位焊缝长度不大于 10mm。

2. 焊接

对转动管子施焊，如图 3-57 所示，为了使根部容易焊透，一般在立焊部位焊接。为保证坡口两侧充分熔合，运条时可做适当横向摆动。由于管件可以转动，焊条可做短距离向前运条。

水平转动管焊焊接参数见表 3-11。

表 3-11 水平转动管焊焊接参数

焊道分布	焊接层次	焊条直径/mm	焊接电流/A
	打底焊 1	φ2.5	70~80
	盖面焊 2	φ2.5	70~80

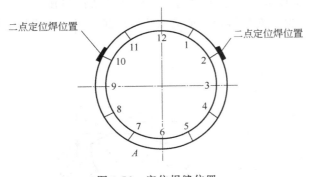

图 3-56 定位焊缝位置

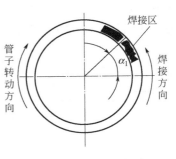

图 3-57 管子转动焊接

焊接水平转动管的关键问题是焊条的位置，在焊接厚壁管时，焊条应该在管子的上部，与管子旋转方向相反。

（1）打底焊 打底焊道为单面焊双面成形，既要保证坡口根部焊透，又要防止烧穿或形成焊瘤。采用断弧焊，操作手法与钢板平焊基本相同。焊接参数见表 3-11。

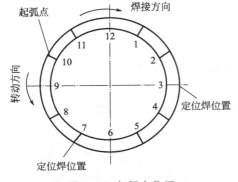

图 3-58 起焊点位置

① 起弧。起弧时，两定位焊处在"3 点"和"7 点"的位置。在"10 点"位置开始起弧，焊接方向与管子的旋转方向相反，如图 3-58 所示。

② 焊接。从管道截面上近"10 点"的位置起弧后，进行爬坡焊，如图 3-58 所示。每焊完一根焊条可以转动一次管子，或焊到"12 点"位置时转动一次，焊条角度如图 3-59 所示。

用左手将管子转一个角度，将熄弧处转到"10点"或"2 点"位置，再进行焊接。如此不断重复上述过程，直到焊完整圈打底焊缝。

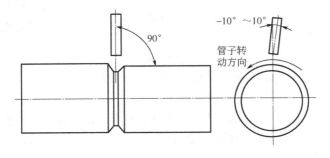

图 3-59 焊条角度

（2）盖面焊 盖面焊前应将打底层的熔渣、飞溅清理干净。焊条直径 2.5mm，焊接参数见表 3-11。焊条角度与打底焊相同。其他注意事项与钢板平焊相同。

3. 清理现场

实训结束后必须清理工具设备，关闭电源，清理打扫场地，做到"工完场清"；并有值日生或指导教师检查，作好记录。

【实训评价与结果】

1. 评价（参照附表 5）

评价内容	个人评价	小组评价	教师评价
安全文明生产			
焊缝的外形			
管内侧焊缝质量			
焊缝的表面质量			

2. 实训结果

实训目的：

实训器材：

实训内容、步骤及结果：

实训收获及体会：

任务八 垂直固定管的焊接

【试件图】

垂直管子对接焊试件如图 3-60 所示。

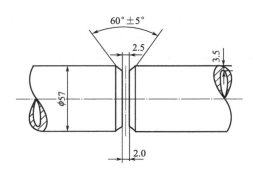

技术要求：

1. 焊前清理坡口两侧各20mm范围。
2. 装配要求钝边0.5~1mm，无毛刺，错边量≤0.5mm，上部间隙为2.5mm，下部间隙为2.0mm。

图 3-60 垂直管子对接焊试件

【学习目标】

本节主要要求在学习过程中，掌握焊条电弧焊的管子对接垂直固定焊的焊接方法，能够根据现场情况，通过调节焊接电流、电弧长度等焊接参数实现垂直固定管子的焊接。

【知识学习】

垂直固定管焊接时为环形的焊缝，所以焊接过程中要随焊缝位置的变化而相应调整焊条角度，才能保证正常焊接。

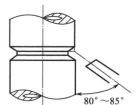

图 3-61 垂直固定管
焊接的操作位置

【技能训练】

垂直固定管焊接的操作位置如图 3-61 所示。

一、装配及定位焊

见水平固定管的焊接。

二、焊接

垂直固定管的焊接分两层三道焊，即第一层为打底焊，第二道、第三道为盖面层。垂直固定管焊焊接参数见表 3-12。

1. 打底层的焊接

打底焊时，先选定始焊处，用直击法在坡口内引弧，拉长电弧预热坡口，待坡口两侧接近熔化温度，压低电弧形成熔池，随后采用直线断弧法前移。运条时，焊条有两个倾斜角度，如图 3-61 所示。换焊条动作要快，当焊缝还未冷却时，再次引燃电弧。焊一圈回到始焊处，听见击穿声后，焊条略加摆动，并填满弧坑后收弧。打底层焊道的位置在坡口正中略偏下，焊道的上部不要有尖角。

表 3-12 垂直固定管焊焊接参数

焊道分布	焊接层次	焊条直径/mm	焊接电流/A
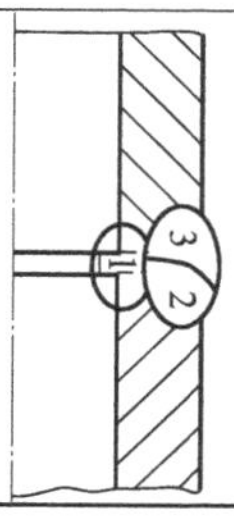	打底焊 1	φ2.5	70～80
	盖面焊 2、3	φ2.5	70～80

2. 盖面层的焊接

焊接盖面层时，先焊下面的第二道焊缝。焊接时，焊条对准下边坡口边缘，焊条角度随管的角度变化而变化。焊完第二道焊缝后，不必清理焊渣，接着焊接第三道焊缝。焊接时，焊条对准坡口上边缘，并保证两焊缝的重叠部分为1/3～1/2，且整条焊道应圆滑过渡。

3. 清理现场

实训结束后必须清理工具设备，关闭电源，清理打扫场地，做到"工完场清"；并有值日生或指导教师检查，作好记录。

【实训评价与结果】

1. 评价 （参照附表 5）

评价内容	个人评价	小组评价	教师评价
安全文明生产			
焊缝的外形			
管内侧焊缝质量			
焊缝的表面质量			

2. 实训结果

实训目的：

实训器材：

实训内容、步骤及结果：

实训收获及体会：

任务九　平角焊

【试件图】

平角焊试件如图 3-62 所示。

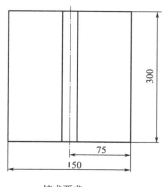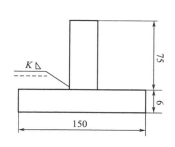

技术要求：

1. 焊前清理坡口及坡口两侧20mm范围。
2. 平板T形接头平角焊，单层角焊缝。
3. 焊脚K=4.2mm。

图 3-62　平角焊试件

【学习目标】

本节主要要求在学习过程中，掌握板 T 形接头平角焊的基本技能，能实现 T 形接头的平角焊。

【知识学习】

本任务中，由于板厚为 6mm，因此焊脚尺寸应采用 4.2mm，并采用单层焊。板平角焊焊件形成 T 形接头，操作时易产生咬边、未焊透、焊脚下垂等缺陷，如图 3-63 所示。焊接时由于电弧的吹力，熔池呈凹坑状，如收尾时立即拉断电弧，则会产生一个低于焊道表面或焊件平面的弧坑，使收尾处强度降低，也易产生应力集中而形成弧坑裂纹、气孔等缺陷。所以每段焊缝结束收弧时一定要注意填满弧坑，可以采用反复断弧收尾法或划圈收尾法。

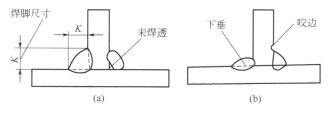

图 3-63　平角焊时产生的缺陷

对焊工的操作要求严格，平角焊时除了要求焊接缺陷应在技术条件允许的范围之内，还要求角焊缝的焊角尺寸符合技术要求，以保证接头的强度。

角焊缝各部位的名称见图 3-64。

【技能训练】

一、装配及定位焊

1. 装配要求

先将两试件拼装成 90°T 形接头，两端对齐，在立板与横板之间不可留间隙。装配时，用 90°角尺检查立板的垂直度，如图 3-65 所示。

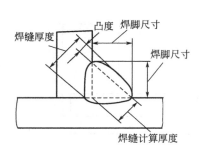

图 3-64　角焊缝各部位的名称

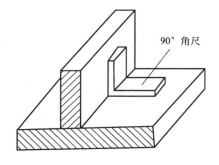

图 3-65　T 形接头的装配

2. 定位焊

装配后采用与焊接试件相同牌号的焊条，将装配好的试件在焊件同一侧进行定位焊，焊接参数见表 3-13。在工件两端进行定位焊，定位焊缝长度为 20mm 左右。定位焊的位置如图 3-66 所示。定位焊后清除焊缝上的焊渣，用角度尺测两焊件的垂直度。

表 3-13　单层平角焊焊接参数

焊　接	焊条直径/mm	焊接电流/A
定位焊	$\phi 3.2$	110～130
正式焊	$\phi 4$	140～160

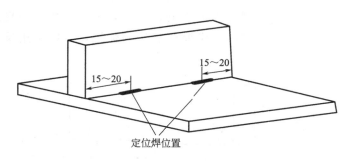

图 3-66　平角焊定位焊缝位置

二、焊接

焊接前应检查焊件接口处是否因定位焊而变形，如变形已影响接口处齐平，应进行矫正。焊接时，应先焊接无定位焊缝的一侧。

1. 焊条角度

焊接时，焊条工作角（焊条轴线在和焊条前进方向垂直的平面内的投影与工件表面间的角度）为 45°。焊条前倾角为 5°～25°（正倾角表示焊条向前进方向倾斜，负倾角表示焊条向前进方向的反方向倾斜），如图 3-67 所示。

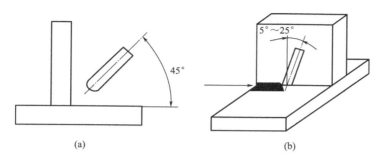

图 3-67 平角焊时的焊条角度

当立板与水平板厚度不同时，焊条的工作度也不相同，如图 3-68 所示。

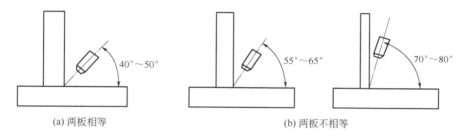

图 3-68 T 形角焊时焊条的角度

2. 焊道的起头

焊接参数见表 3-13。起弧点应离焊件起始端 10mm 左右，在焊缝轨迹内引燃电弧，可减少焊接缺陷，也可以清除引弧痕迹，如图 3-69所示。电弧引燃后快速移至始焊点，先将电弧稍微拉长些，对焊件瞬时预热，然后再适当缩短电弧。焊接时焊条要对准根部，电弧停留时间要长一些，待试件夹角处完全熔化产生熔池后，开始焊接。

3. 运条平角焊

采用斜圆圈形小幅度摆动运条，运条动作如图 3-70 所示。由 $a \to b$ 速度要慢，使水平焊件有足够的熔深；由 $b \to c$ 稍快一些，防止金

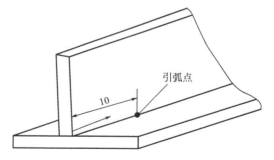

图 3-69 平角焊起头的引弧点

属下淌；在 c 处稍作停顿，来保证垂直焊件的渗透深度；由 $c \to d$ 稍慢，保证根部焊透和水平件的熔深；由 $d \to e$ 稍快些，并在 e 处稍作停顿。这样反复地有规律地运条，并采用短弧焊接，可以获得良好的焊接质量。

斜圆圈形运条方法：$a \to b$ 点要稍慢，以保证水平焊件的熔深；$b \to c$ 要稍快，以防止熔化金属下淌；在 c 点处稍作停留以保证垂直板的熔深，避免咬边；$c \to d$ 稍慢，避免夹渣；

由 $d \rightarrow e$ 稍快，到 e 点稍作停留。

注意：要求焊脚均匀整齐，无下垂。焊脚尺寸 $K = 4.2 \text{mm}$，分布对称，保证焊脚高成等腰三角形，如图 3-71 所示。焊缝局部咬边不应大于 0.5mm。

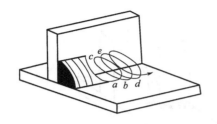

图 3-70　平角焊时的斜圆圈形运条方法

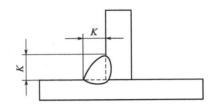

图 3-71　单层焊焊道分布

4. 焊道的连接

接头时尽量采用"热接头"，在弧坑前 10～15mm，两板夹角处划擦引弧，引燃电弧后，把电弧拉到原弧坑的 2/3 或 3/4 处，压短电弧，稍作停顿，使新形成的熔池形状、大小与原熔池相同时，再朝焊接方向移动，注意新熔池不得偏离原弧坑位置。

5. 收弧

采用回焊收尾法填满弧坑，然后朝与焊接的相反方向拉断电弧。收弧时为防止产生磁偏吹现象，应适当使焊条后倾，如图 3-72 所示。

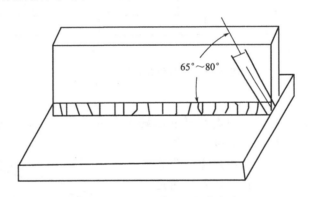

图 3-72　防止磁偏吹的焊条角度

6. 清理现场

实训结束后必须清理工具设备，关闭电源，清理打扫场地，做到"工完场清"；并有值日生或指导教师检查，作好记录。

【实训评价与结果】

1. 评价（参照附表 6）

评价内容	个人评价	小组评价	教师评价
安全文明生产			
焊缝的外形			
焊缝的表面质量			

2. **实训结果**

实训目的：

实训器材：

实训内容、步骤及结果：

实训收获及体会：

任务十　立角焊

【试件图】

立角焊试件如图 3-73 所示。

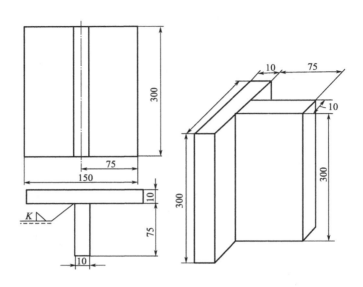

技术要求：

1. 矫平并清理试件两侧各20mm范围内的油污、铁锈、水分及其他污染物，并清除毛刺。

2. T形接头角焊缝立焊。

3. 焊脚尺寸：K=7mm，两层两道焊。

图 3-73　立角焊试件

【学习目标】

本任务主要要求在学习过程中，掌握焊条电弧焊的平板角接立焊位置的基本技能和操作技巧，能实现板立角焊接。

【知识学习】

T形接头焊件处于立焊位置时的焊接操作，叫做立角焊。立角焊时，电弧的热量向焊件的三向传递，散热快，所以应选用较大焊接电流，见表 3-14。立角焊的关键是控制熔池金属。由于熔池中液体金属在重力作用下容易下淌，甚至会产生焊瘤以及在焊缝两侧形成咬边、夹渣、顶角焊不透等缺陷。因此与平焊相比，立角焊是一种操作难度较大的焊接方法。

焊接过程中应保证焊件两侧能均匀受热，所以应注意焊条的位置和倾斜角度。如两焊件板厚相同，则焊条于两板的夹角应左右相等，焊条与焊缝中心线的夹角保持 60°～80°，如图 3-74 所示。

表面焊缝焊脚尺寸应控制在 7mm±1mm 范围内，呈等腰三角形；焊缝表面不得有气孔、裂纹、未熔合、焊瘤等缺陷。

【技能训练】

一、基本姿势训练

为了克服顶角焊不透、在焊缝两侧容易咬边等缺点，焊接时，焊条在两侧要稍作停留，电弧长度尽可能地缩短，焊条摆动幅度应不大于焊缝宽度。为获得质量优良的焊缝；要根据具体情况选择合适的运条方法。

常用的运条方法有三角形运条法、锯齿形运条法和月牙形运条法等，如图 3-75 所示。

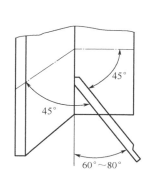

图 3-74　立角焊的焊条位置

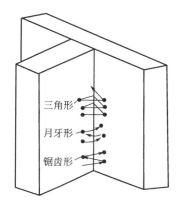

图 3-75　立角焊的焊条摆动方法

二、装配与定位焊

1. 装配

先将两试件拼装成 90°T 形接头，两端对齐，在立板与横板之间不可留间隙。装配时，手拿 90°角尺，检查水平板与垂直板的垂直度。

2. 定位焊

装配后用直径为 3.2mm 的焊条，在一侧进行定位焊，焊接参数如表 3-14 所示。定位焊位置是首、尾两点，定位焊缝的长度为 10～15mm。定位焊后清除焊缝上的焊渣，用角度尺测两焊件的垂直度。

表 3-14　立角焊焊接参数

焊道分布	焊接层数	焊条直径/mm	焊接电流/A	运条方法
	定位焊	φ3.2	100～110	
	第一层 1	φ3.2	100～120	断弧焊
	盖面焊 2	φ4.0	140～160	连弧焊

三、焊接

1. 第一层的焊接

（1）起弧　选用直径为 3.2mm 的焊条，焊接电流调至 100～120A，参数见表 3-14。在离角接缝始端15mm左右，并在T形接头的尖角处引燃电弧，略拉长电弧下移至离焊缝始端2～3mm的起弧端，预热瞬时即压短电弧做横向摆动，并在熔池两边稍作停留，使其形成第一个熔池，即形成第一个台阶。

起弧时，焊速不易太快。先长弧预热，后短弧做横向摆动，也可做两次横向摆动。待第一个焊波达到焊脚尺寸要求后，再向上移动电弧。起弧处焊缝应符合尺寸要求，无下垂、不歪斜、无夹渣、气孔等。

（2）运条　立角焊运条的关键是如何控制好熔池金属的温度、形状和大小。焊条要根据熔池金属的冷却情况有节奏地做左右摆动。采用断弧法运条，出现第一个熔池后，当看到熔池瞬间冷却成一个暗红点、熔池形状逐渐变小时，快速引燃电弧，这样反复类推，完成第一层的焊接。

注意：在运条过程中，要随时观察熔池的形状和大小，如发现椭圆形的熔池下部边缘由比较平直的轮廓逐渐鼓肚变圆时，表示熔池温度稍高，此时应将电弧跳高一些或熄弧。待熔池由亮白色变暗红色、形状逐渐变小时，再将电弧下移或重新引弧。

（3）收尾　采用反复断弧收尾法收尾。每熄弧、引弧一次，熔池面积逐渐减小，直到填满弧坑。熄弧、引弧的间隔时间根据熔池温度的变化而不同。

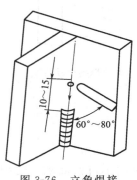

图 3-76　立角焊接
头连接方法

2. 盖面焊

将打底层焊缝周围的飞溅和不平的地方修平。选用直径为4mm的焊条焊接，焊接参数见表3-14。采用锯齿形摆动法、短弧焊接，焊条角度与第一层相同。焊条端头要对准第一层焊缝和焊缝趾部，保证层间熔合。接头时，尽量采用"热接头"，在弧坑前10～15mm，两板接缝中间处划擦引弧，如图3-76所示。

引燃电弧后，略拉长电弧，下移到原弧坑的2/3处，然后压短电弧做横向摆动，当新形成的熔池形状、大小与原熔池相同时，立即向焊缝中心线上方施焊。

注意事项：运条的上升速度要均匀，注意观察焊脚尺寸两侧熔化要一致，焊条摆动到焊缝中间位置时稍快些，避免铁水下坠和咬边。

3. 清理现场

实训结束后必须清理工具设备，关闭电源，清理打扫场地，做到"工完场清"；并有值日生或指导教师检查，作好记录。

【**实训评价与结果**】

1. 评价（参照附表6）

评价内容	个人评价	小组评价	教师评价
安全文明生产			
焊缝的外形			
焊缝的表面质量			

2. **实训结果**

实训目的：

实训器材：

实训内容、步骤及结果：

实训收获及体会：

任务十一　管板插入式焊接

【试件图】

管板水平固定全位置焊试件如图 3-77 所示。

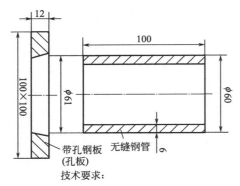
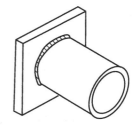

技术要求：

1. 骑坐式管板要求单面焊双面成形。
   焊脚尺寸：$K=6mm\pm1mm$。

2. 孔板的孔径与钢管内、外径相适应。

3. 要求焊波均匀，无咬边等现象。

(a) 插入式管板试件

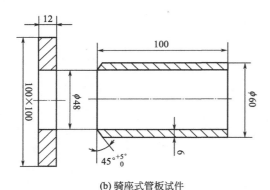

(b) 骑座式管板试件

图 3-77　管板水平固定全位置焊试件

【学习目标】

本节主要要求在学习过程中，掌握管板插入式、骑坐式水平固定全位置焊的操作要领，并能掌握管板水平固定焊技术。使焊缝的外表焊脚对称，无缺陷。

【知识学习】

由管子和平板（板上开孔）组成的焊接接头，叫做管板接头。管板接头是锅炉压力容器结构的基本形式之一。管板焊件的形式有插入式和骑坐式两种，如图 3-77 所示。插入式管板只需保证根部焊透，外表焊脚对称，无缺陷，比较容易焊接，可以根据情况选择采用单层单道焊或两层两道焊。骑坐式管板除保证焊缝外观外，还要保证焊缝背面成形，即单面焊两面成形的技术。通常都采用多层多道焊，用打底焊保证焊缝背面成形和焊透，其余焊道保证焊脚尺寸和焊缝外观。管板焊缝在管子的圆周根部，因此焊接时要不断地转动手臂和手腕的位置，才能防止管子咬边和焊脚不对称等缺陷的产生。

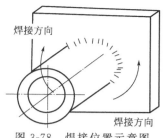

图 3-78　焊接位置示意图

焊接位置示意图如图 3-78 所示。焊接操作时，人呈下蹲姿势，两脚分开于焊件两侧，且稍有前倾。下蹲位置要使焊接电弧能较顺利地沿着钢管圆周朝焊接方向移动，并且便于焊条角度的随时调整。要使视线始终能观察到整个圆周焊接熔池的变化。

【技能训练】

一、试件的矫平和清理

焊前清理区如图 3-79 所示，必须将指定范围内的油、锈及其他污物清理干净，直至露出金属光泽，并清除毛刺，见图 3-80。

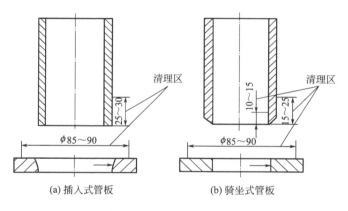

图 3-79　管板的焊前清理区

(a) 插入式管板　　(b) 骑坐式管板

图 3-80　打磨好的试板

二、插入式管板水平固定全位置焊

1. 装配及定位焊

为了便于说明焊接要求，我们规定从管子正前方正视管板时，可按时钟位置将试件分为 12 等份，最上方为 0 点（或 12 点），如图 3-81(a) 所示。

将试件放置在水平面上，把钢管插入板孔内，保证钢管垂直于钢板，用钢角尺测量钢管与平板间的垂直度，装配间隙＜1mm。然后在管与板的缝隙位置，可采用一点定位焊和两点定位方式，如图 3-81(b) 所示。

定位焊焊接参数：焊条直径 3.2mm，电流为 110～125A，见表 3-15。定位焊电流比正式施焊电流略大 5～10A，以避免因焊件刚开始施焊时的温度过低，造成粘焊条或铁水熔化不良等现象。每段定位焊缝的长度为 10mm 左右，要保证管子轴线垂直孔板。

2. 第一层的焊接

管板的环缝在操作时，可分为左半周与右半周两部分，如图 3-82 所示。一般情况下，先焊右半周焊缝，后焊左半周焊缝。焊接参数的选择见表 3-15。

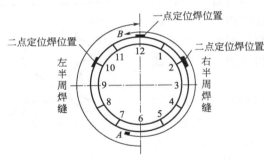
(a) 左右半周及定位焊缝位置

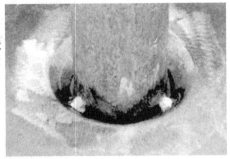
(b) 两点定位示意图

图 3-81 焊缝位置示意图

表 3-15 插入式管板的焊接参数

焊道分布	焊接层数	焊条直径/mm	焊接电流/A	运条方式
	定位焊	$\phi 3.2$	110～125	
	第一层 1	$\phi 3.2$	100～125	断弧
	第二层 2	$\phi 4.0$	140～160	连弧

　　每个半圈都存在仰、立、平三种不同位置的焊接。将焊接处于焊接接口的某部位用 12 点钟的方式表示，焊条角度随焊接位置的变化而改变，如图 3-82 所示。焊条与板面的夹角应保持在 45°不变。

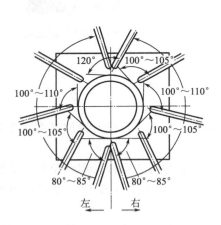

图 3-82 水平固定焊时焊条角度的变化

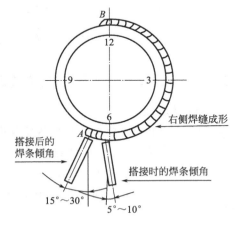

图 3-83 水平固定管板打底焊时焊条角度

　　(1) 右半圈的焊接　在管板 A 点起弧，如图 3-83 所示，稍加预热，将电弧移向管子与板根部，拉长电弧预热，然后恢复正常弧长转入焊接。用短弧做小幅度锯齿形横向摆动运条，采用断弧法。

　　注意事项：开始后半段焊接前，先检查前半段仰位的起头质量，如果过高或熔合不好，要先将其修磨成斜坡状态，再进行焊接；如果起头较薄，熔合情况良好，即可直接进行接头焊接。

（2）左半圈的焊接　左半圈应在6点处引燃电弧，稍加预热即可施焊。焊条角度如图3-82所示。要求形成平缓的连接接头，其各种位置的操作方法与右半周相同。

打底焊接头尽量采用热接法。热接头时要注意：

① 更换焊条速度要快，最好在开始焊接时，持面罩的左手就拿几根准备更换的焊条。

② 位置要准，电弧到原弧坑处，估计新熔池的后沿与原弧坑后沿相切时立即将焊条前移，开始连续焊接。

③ 掌握好电弧下压时间，当电弧已向前运动，焊至原弧坑前沿时，必须下压电弧。

3. 盖面焊

选用直径为4.0mm的焊条，焊接电流为140～160A，见表3-15。盖面焊的焊条角度、运条方法与打底焊相同，只是焊接顺序有所变化。它把焊缝分成左、右两半周，焊完一侧后再焊另一侧。起弧和收弧位置以过中心线5～10mm为宜，以确保接头时容易操作。各层焊缝焊接时其焊缝接头应错开。

注意事项：因焊缝两侧是两个同心圆，管子侧圆周短，孔板侧圆周长，因此焊接时，焊条在两侧摆动的间距是不同的。在焊接时，盖面层焊条摆动的幅度比打底层大，摆动均匀。电弧在两侧的停留时间要稍长，以保证焊缝两侧焊脚均匀对称，表面过渡平整。所以在练习过程中，要善于总结经验，找出规律。

三、骑坐式管板水平固定全位置焊

骑坐式管板试件的焊接是将管子置于板上，中间留有一定的间隙，管子预先开好坡口，坡口角度45°～50°，以保证焊透，所以是属于单面焊双面成形的焊接方法，焊接难度要比插入式管板试件大得多。

1. 装配及定位焊

管子和平板间要预留3～3.5mm的装配间隙，可以直接用直径为3.2mm的焊芯填在中间，保证间隙。定位焊缝采用一点定位，如图3-81所示，6点处装配间隙为3.0mm，0点处装配间隙为3.5mm。焊骑坐式管板的定位焊缝时要特别注意，必须保证焊透，必须按正式焊接的要求焊定位焊缝，定位焊缝不能太高，长度在10mm左右。要保证管子轴线垂直孔板。焊接时用直径为3.2mm的焊条，先在间隙的下部板上引弧，然后迅速地向斜上方拉起，将电弧引至管端，将管端的钝边处局部熔化。在此过程中产生3～4滴熔滴，然后即熄弧，一个定位焊点即焊成。

将试件固定好，使管子轴线在水平面内，0点处在最上方。

2. 第一层的焊接

焊道分布两层两道。将试件管子分左右两半周进行焊接，先焊右半周，后焊左半周。每一半焊缝再分成两段。先按逆时针方向焊完右边的1/4（即7点～3点处），然后按顺时针方向焊完左边的1/4（即7点～9点处），然后再按顺时针、逆时针焊完上半段。

第一层焊接选用直径为3.2mm的焊条，焊接电流为100～120A，如表3-16所示。焊条与平板的倾斜角度为45°，如图3-84所示。焊接操作时，采用断弧法，就是在焊接过程中通过电弧反复交替燃烧与熄灭控制熄弧时间，达到控制熔池的温度、形状和位置的目的，以获得良好的背面成形和内部质量。

表 3-16　骑坐式管板的焊接参数

焊接层数	焊条直径/mm	焊接电流/A	运条方式
定位焊	φ3.2	110~125	
打底层	φ3.2	100~120	断弧法
盖面层	φ4.0	140~160	连弧法

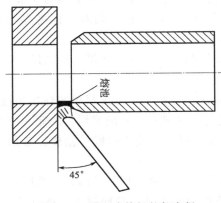

图 3-84　骑坐式管板的打底焊

从 A 点（即 7 点）处引弧，稍预热后，向上顶送焊条。焊接时，将焊条适当向里伸，约 1s 后可听到电弧穿透坡口而发出的"噗噗"声。由于坡口两侧金属的熔化，即可在焊条根部看到一个明亮的熔池，如图 3-84 所示。这时迅速提起焊条，熄灭电弧。此处所形成的熔池是整条焊道的起点，常称为熔池座。熔池座形成后即转入正式焊接。每个焊点的焊缝不要太厚，以便第二个焊点在其上引弧焊接，如此逐步进行打底层的焊接。当一根焊条焊接结束收尾时，要将弧坑引到外侧，否则在弧坑处往往会产生缩孔。

3. 盖面焊

打底层焊完后，可用角向磨光机进行清渣，再磨去接头处过高的焊缝，然后进行盖面层的焊接。盖面焊的焊接顺序与打底焊相同。盖面层采用直径为 4.0mm 的焊条，焊接电流 140~160A，焊条与平板的倾角为 40°~45°，采用小锯齿形运条法，摆动幅度要均匀，并在两侧稍停留，保证焊缝焊脚均匀，无咬边等缺陷。操作方法与插入式管板试件相同。

4. 清理现场

实训结束后必须清理工具设备，关闭电源，清理打扫场地，做到"工完场清"；并有值日生或指导教师检查，作好记录。

【**实训评价与结果**】

1. 评价（参照附表 7）

评价内容	个人评价	小组评价	教师评价
安全文明生产			
焊缝的外形			
焊缝的表面质量			

2. 实训结果

实训目的：

实训器材：

实训内容、步骤及结果：

实训收获及体会：

阅读材料——焊条电弧焊常见焊接缺陷与防止措施

一、焊瘤（图 3-85、图 3-86）

(a) 板对接试件正面

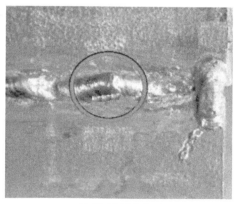

(b) 板对接试件背面

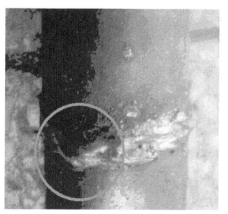

(c) 管对接

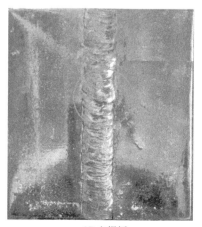

(d) 立焊板

图 3-85 带焊瘤的试件

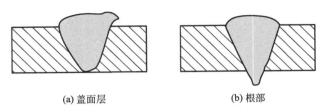

(a) 盖面层　　　　　　　　　　(b) 根部

图 3-86　焊瘤示意图

1. 焊瘤产生的原因及危害

焊瘤是由于熔池温度过高，液态金属凝固较慢，流淌形成的。造成熔池温度过高而使液态金属在高温停留时间过长的基本原因是焊接电流偏大及焊接速度太慢。焊缝间隙太大，操作不当，焊条位置和运条方法不正确也有可能产生焊瘤。

焊瘤不仅影响焊缝外表的美观，而且在焊瘤内往往存在夹渣和未焊透，易造成应力集中。

2. 防止形成焊瘤的措施

注意控制熔池的温度，即选择合理的焊接工艺参数，尤其是焊接电流和焊接速度的选择；根部间隙不能过大、停留时间不宜过长；灵活调整焊条角度、运用正确的运条方法。

立焊操作时，如果运条动作慢，就会明显地产生熔敷金属的下坠，下坠的金属冷却后就成为焊瘤。所以立焊时，线能量要比平焊小。

二、焊缝接头不良（图 3-87、图 3-88）

1. 产生原因及危害

更换焊条再焊接时，引弧位置不正确，导致焊接接头脱节。焊缝接头不良影响焊缝外观，并且降低焊缝与基体金属的结合强度，易造成应力集中，不利于焊件结构的安全使用。

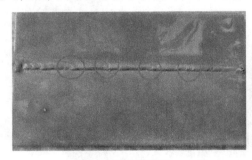

(a) 板对接焊缝

(b) 角焊缝

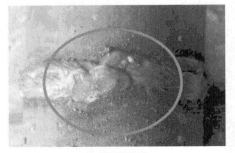

(c) 管对接焊缝

图 3-87　焊缝接头不良

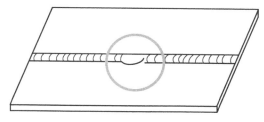

图 3-88 焊缝接头不良示意图

2. 防止形成接头不良的措施

中间接头要求电弧中断时间要短，换焊条动作要快。更换焊条再焊接时，在先焊焊道尾部前方约 10mm 处引弧，待金属开始熔化时，将焊条移至弧坑前 2/3 处，填满弧坑后即可向前正常焊接。

三、未焊透（图 3-89～图 3-91）

图 3-89 未焊透

图 3-90 立焊件背面未焊透

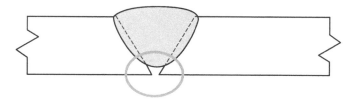

图 3-91 未焊透示意图

1. 未焊透产生原因及危害

焊接坡口钝边过大，坡口角度太小，装配间隙太小；焊接电流过小，焊接速度太快，使熔深浅，边缘未充分熔化；焊条角度不正确，电弧偏吹使电弧热量偏于焊件一侧等原因，都有可能造成未焊透。

未焊透不仅降低了焊接接头的力学性能，而且造成应力集中，承载后往往引起裂纹，造成更严重的后果。

2. 防止未焊透措施

正确选用坡口形式和保证装配间隙；正确选择焊接电流和焊接速度；认真操作，防止焊偏，注意调整焊条角度。

四、咬边（图 3-92～图 3-94）

 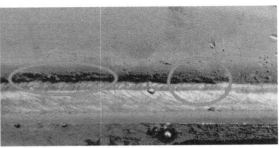

(a) 对接板试件   (b) 角焊缝

图 3-92　正面咬边

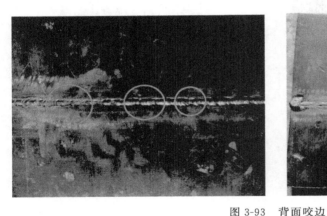

图 3-93　背面咬边

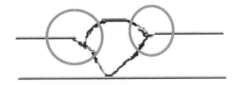 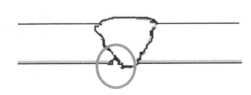

图 3-94　咬边示意图

1. 咬边产生原因及危害

焊接电流过大或运条速度不当时会造成咬边的缺陷。

咬边是一种较危险的缺陷，它不但减小了基体金属的有效面积，而且在咬边处还会造成应力集中，易引起裂纹，使焊接接头的强度降低。

2. 防止咬边措施

选择正确的焊接电流及焊接速度，电弧不能拉得太长，掌握正确的运条方法和运条角度。

五、未熔合（图 3-95～图 3-97）

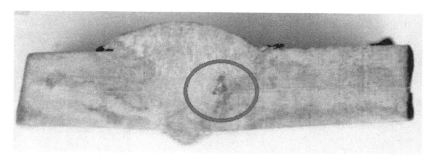

图 3-95 未熔合 X 射线底片

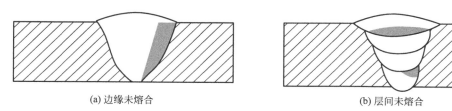

(a) 边缘未熔合　　　　　　　(b) 层间未熔合

图 3-96 未熔合示意图

图 3-97 管板焊缝弧坑、未熔合

1. 未熔合产生原因及危害

产生未熔合的主要原因有热输入量过小；焊条偏于坡口一侧，或因焊条偏心、电弧偏吹使电弧偏于一侧，使母材或前一层焊缝金属未得到充分熔化就被填充金属覆盖；坡口或前一层焊缝表面有油、锈等杂物或未清理的熔渣等阻碍金属间的熔合。

未融合直接降低了焊接接头的力学性能，严重的未熔合会使焊接结构根本无法承载。

2. 防止未熔合措施

焊条的角度要合适，运条摆动应适当，要注意观察坡口两侧熔化情况；选用稍大的焊接电流，焊速不宜过快，使热量增加足以熔化母材或前一层焊缝金属；焊接过程中发现电弧偏吹应及时调整角度，使电弧对准熔池或及时更换焊条；认真清理坡口和焊缝上的杂物，每层焊道的熔渣要清理干净。

六、夹渣（图 3-98～图 3-101）

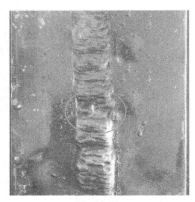

(a) 板平焊   (b) 板立焊

图 3-98　盖面层夹渣

(a) 管对接焊缝   (b) 管板角焊缝

图 3-99　夹渣

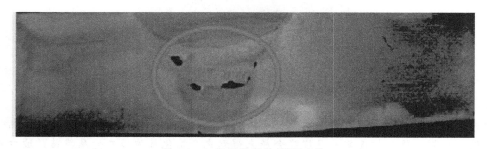

图 3-100　X 射线底片-层间夹渣

1. 夹渣产生原因及危害

　　焊件边缘及焊层、焊道之间清理不干净；焊接电流太小、焊接速度过快，使熔化金属凝固速度加快，熔渣来不及浮出；焊条角度和运条方法不当，熔渣和液体金属分不开，使熔渣混合于熔池内；坡口角度小，焊接工艺参数不当，使焊缝的成形系数过小；焊件及焊条的化学成分不当，杂质较多等。

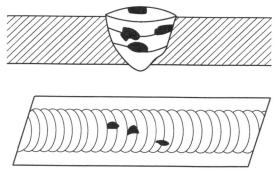

图 3-101 夹渣示意图

夹渣会降低焊缝的力学性能。因夹渣多是不规则的多边形，其尖角会引起很大的应力集中，易使焊接结构在承载时遭到破坏。

2. 防止夹渣措施

采用具有良好工艺性能的焊条；选择合适的焊接工艺参数；焊件坡口角度不宜过小；认真清理铁锈等杂质，做好层间清理工作；注意熔渣流动方向，随时调整焊条角度和运条方法，使熔渣能顺利排出。

七、烧穿（图 3-102、图 3-103）

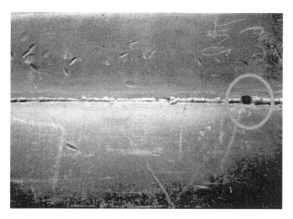

图 3-102 烧穿

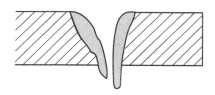

图 3-103 烧穿示意图

1. 烧穿产生原因及危害

焊件的装配间隙太大或钝边太薄；焊接电流过大，焊接速度太低以及电弧在焊缝某处停留时间太长使焊件加热过度。

烧穿不仅影响焊缝外观，还使该处的焊缝强度减弱，甚至还会使焊接接头失去承载能力，所以烧穿是一种不允许存在的缺陷。

2. 防止烧穿措施

选择合适的焊接工艺参数及装配间隙，减少熔池在某一处停留的时间。

八、凹坑与弧坑（图 3-104～图 3-106）

1. 凹坑与弧坑产生原因及危害

操作技术不熟练，不能很好地控制熔池形状；焊接电流过大，电弧拉得过长，焊条又未

(a) 板对接背面焊缝

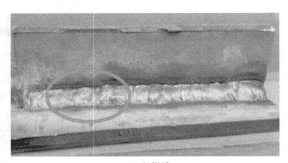
(b) 角焊缝

图 3-104 凹坑

图 3-105 弧坑

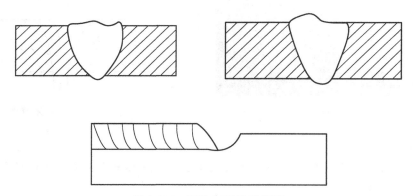

图 3-106 凹坑与弧坑示意图

做适当的摆动，或过早进行盖面层的焊接；收尾熄弧时，未填满弧坑等均会产生凹坑或弧坑。凹坑减小了焊缝的有效截面，降低了焊缝的承载能力。弧坑由于杂质的集中，还会导致弧坑裂纹的产生。

2. 防止凹坑与弧坑措施

采用短弧焊接，提高焊工操作技能，适当摆动焊条以填满弧坑；在收弧处短时停留或做几次环形运条，以增加一定量的熔化金属是填满弧坑的好方法；对于重要的焊接结构要设置引出板，在收弧时将电弧过渡到引出板上，避免在焊件上出现弧坑。

九、焊缝尺寸与形状不符合要求（图 3-107～图 3-111）

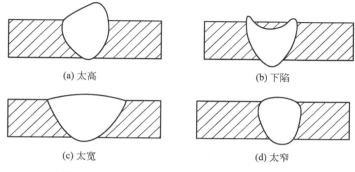

(a) 太高　　　　　　　　　　(b) 下陷

(c) 太宽　　　　　　　　　　(d) 太窄

图 3-107　焊缝尺寸与形状不符合要求示意图

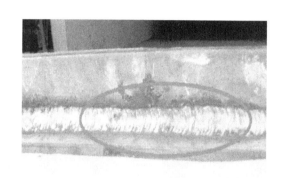

(a) 角焊缝　　　　　　　　　　　　　　(b) 对接焊缝

图 3-108　焊缝宽窄不一高低不平

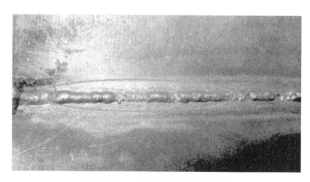

图 3-109　横焊背面高低不平

1. 焊缝尺寸与形状不符合要求产生原因及危害

产生原因：焊接电流过大或过小；焊件坡口角度不当，装配间隙不均匀；焊接过程中运条方法不当，焊条角度不正确等。

危害：造成焊缝成形不美观，降低焊缝与基本金属的结合强度，易造成应力集中，不利于焊件结构的安全使用。

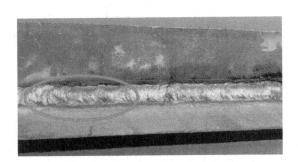

图 3-110　平角焊表面成形不良

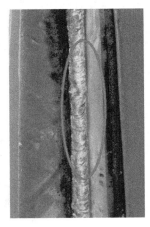

图 3-111　立角焊表面凸起过高

2. 防止焊缝尺寸与形状不符合要求的主要措施

正确选用坡口角度及装配间隙；正确选择焊接电流；提高焊工操作技能；控制适当的工艺参数。

十、气孔（图 3-112～图 3-114）

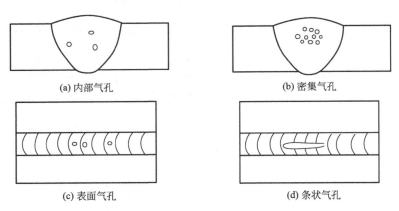

(a) 内部气孔　　　　　　　　　　　(b) 密集气孔

(c) 表面气孔　　　　　　　　　　　(d) 条状气孔

图 3-112　气孔示意图

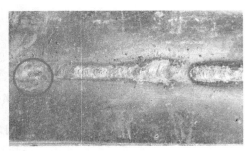

图 3-113　密集气孔

1. 气孔产生原因及危害

气孔产生的原因如下。

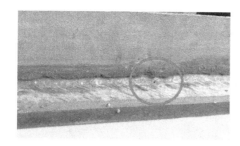 

(a) 角焊缝　　　　　　　　　　(b) 收弧处气孔

图 3-114　气孔

① 焊条受潮，未按规定要求烘干，保温处理。

② 焊条药皮变质、受损，电流过大导致药皮发红、脱落。

③ 电流偏低或焊接速度过快，熔池存在时间短，使气体来不及逸出。

④ 电弧过长，保护变差，空气侵入熔池。

⑤ 电弧偏吹，运条不当。

⑥ 焊件表面有水、油污、铁锈等。

危害：气孔会削弱焊缝的有效工作截面，降低焊缝金属的强度和塑性，尤其是冲击韧性和疲劳强度。

2. 防止气孔产生的主要措施

① 焊前认真清理坡口及其两侧 20～30mm 范围内的水、油污、铁锈等。

② 焊条按要求烘干、保温处理，不得使用变质焊条。

③ 选择合适的焊接工艺参数。

④ 采用短弧焊接，发现焊条偏心，及时调整焊条角度，或更换焊条。

十一、裂纹（图 3-115、图 3-116）

 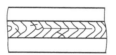 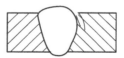

(a) 弧坑裂纹　　　　(b) 焊缝裂纹　　　　(c) 热影响区裂纹

图 3-115　裂纹示意图

图 3-116　表面裂纹

1. 裂纹产生原因及危害

热裂纹：焊接熔池在结晶过程中发生偏析现象（低熔点共晶和杂质的存在）以及焊接拉应力的共同作用。

冷裂纹：钢的淬硬倾向大，焊接接头受到拘束应力，较多的扩散氢的存在和聚集。

裂纹的存在，破坏了基体的连续性，并且裂纹有延展性，最终导致基体的断裂，所以裂纹是焊缝中不允许出现的缺陷。

2. 防止裂纹产生的主要措施

适当提高焊缝的成形系数；收弧时，填满弧坑，防止弧坑裂纹；降低焊接应力；焊条严格按照要求烘干、保温处理。

项目四

CO$_2$气体保护焊

任务一 平角焊

【试件图】

板对板平角焊的训练试件如图 4-1 所示。

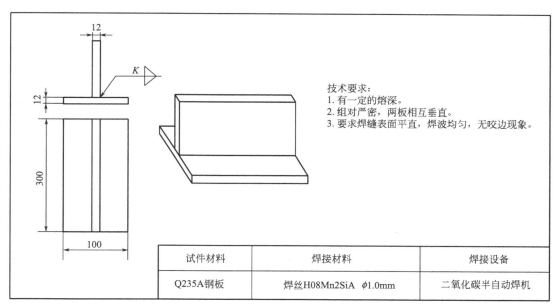

技术要求:
1. 有一定的熔深。
2. 组对严密,两板相互垂直。
3. 要求焊缝表面平直,焊波均匀,无咬边现象。

试件材料	焊接材料	焊接设备
Q235A钢板	焊丝H08Mn2SiA ϕ1.0mm	二氧化碳半自动焊机

图 4-1 板对板平角焊的训练试件

【实训目标】

在本节学习过程中,熟悉 CO$_2$ 气体保护焊设备使用性能,掌握 CO$_2$ 气体保护焊平角焊相关的知识及施焊方法和技巧。

【技能训练】

平角焊接时,极易产生咬边、未焊透等缺陷。为了防止这些缺陷,在操作时除了正确的选择焊接工艺参数外,还要根据板厚和焊脚尺寸来控制焊丝角度。半自动 CO_2 气体保护焊进行平角焊缝焊接时与手工电弧焊的不同,手工电弧焊多采用右焊法,而半自动 CO_2 气体保护焊多采用左向焊法。

一、焊前清理

试件装配前应将焊缝 $10\sim20$mm 范围内的油污、铁锈及其他污物打磨干净,直至露出金属光泽。

二、试件装配和定位焊

定位焊的组对间隙为 $0\sim2$mm,定位焊缝长 $10\sim15$mm,焊脚尺寸为 6mm,试件两端各点焊一处,如图 4-2 所示。检查试件装配符合要求后,将试件水平固定,焊接面朝上。装配过程中要注意自己与他人安全,按规定做好防护措施。定位焊缝要有足够的强度,保证焊接过程不变形,保证达到 90°要求。

三、焊接

采用三层六道焊,如图 4-3 所示。

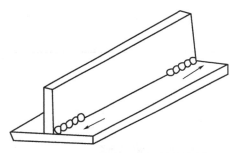

图 4-2　T形接头平角焊的定位焊

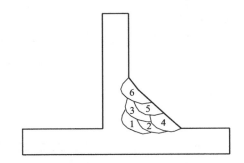

图 4-3　T形接头平角焊焊道层数分布

按表 4-1 所示,调整电压、电流、气体流量等焊接工艺参数。

表 4-1　CO_2 气体保护焊板对板平角焊焊接工艺参数

焊接层次	焊接道次	焊丝及直径 /mm	焊接电流 /A	焊接电压 /V	气体流量 /(L/min)	电源极性	焊丝伸出长度 /mm
打底层	1	$\phi1.0$	$140\sim160$	$20\sim22$	15	直流反接	$10\sim15$
填充层	$2\sim3$	$\phi1.0$	$140\sim150$	$20\sim22$	15	直流反接	$10\sim15$
盖面层	$4\sim6$	$\phi1.0$	$140\sim160$	$20\sim22$	15	直流反接	$10\sim15$

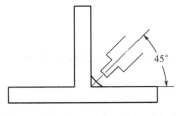

图 4-4　打底焊焊枪角度和焊接方向

1. 打底层的焊接

采用左向焊,操作时焊枪角度和焊接方向如图 4-4 所示。起弧前先用专用尖嘴钳将焊丝端头掐断,使焊丝达到伸出长度的要求($10\sim15$mm),以保证有良好的引弧条件。在试件右端距始焊点 $15\sim20$mm 处,将焊枪嘴放在底板上,并对准引弧处,按平敷焊要领引燃电弧,快速移至始焊点。焊丝要对准根部,电弧停留时间要长些,待试件夹角处完全熔化产生熔池后，开始向左焊接。采用斜三角形小幅度摆动法。焊枪在中间位置稍快，两端稍加停留，熔池下缘稍靠前方，保持两侧焊脚熔化一致，防止铁水下坠。保持焊枪正确的角度和合适的焊接速度。如果焊枪对准位置不正确，焊接速度过慢，就会使铁水下淌，造成焊缝下垂、未熔合缺陷；如果焊接速度过快，则会引起焊缝的咬边。

焊接接头时要先将杂质处理干净，然后在距接头点右边 10～15mm 处引燃电弧，千万不要形成熔池，快速移至弧坑中间位置，电弧稍停留，待弧坑完全熔化，焊枪再向两侧摆动，放慢焊接速度，焊过弧坑位置后便可恢复正常的焊接。

2. 填充层的焊接

焊前先将打底层焊缝周围飞溅和不平的地方修平。填充层采用一层两道焊，用左焊法，直线形运条方式。

第一道先焊靠近底板的焊道，采用直线式焊接，焊接时焊丝要对准打底层焊缝下趾部，保证电弧在打底焊道和底板夹角处燃烧，防止未熔合产生。焊枪与底板母材角度为 50°～60°，如图 4-5（a）所示。焊接过程中，焊接速度要均匀，注意角焊缝下边熔合一致，保证焊缝焊直不跑偏。

第二道填充层焊接采用直线摆动法，焊缝熔池下边缘要压住前一道焊缝的 1/2，上边缘要均匀熔化侧板母材，保证焊直不咬边。焊枪角度如图 4-5（b）所示。

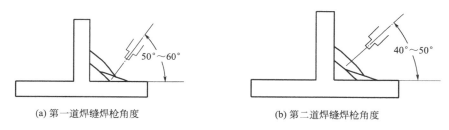

(a) 第一道焊缝焊枪角度   (b) 第二道焊缝焊枪角度

图 4-5　填充层焊枪角度

3. 盖面层的焊接

焊前先将填充层焊缝周围飞溅和不平的地方修平。采用左焊法，一层三道焊接，如图4-3所示。同填充焊一样，盖面层第一道焊缝先焊靠近底板的焊道，焊枪与底板角度与填充层第一道焊缝相同，如图 4-5（a）所示。焊接过程中，焊接速度要均匀，角焊缝下边熔合一致，保证焊缝焊直不跑偏。第二道盖面层焊接时，采用小幅度摆动焊接，焊接速度放慢一些。焊枪摆动到下部时，焊缝熔池要稍靠前方，熔池下沿要压住前一道焊缝的 2/3。摆动到上部时，焊丝要指向焊缝夹角，使焊接电弧在夹角处燃烧，保证夹角部位熔合好，不产生较深的死角。焊枪角度同打底焊，如图 4-4 所示。第三道盖面层焊接采用直线摆动法。焊枪角度同填充焊的第二道焊缝，如图 4-5（b）所示。焊接时速度最快，焊缝熔池下边缘要压住前一道焊缝的 1/2，上边缘要均匀熔化母材，保证焊直不咬边。

用同样的方法焊接另一面。

4. 清理试件，整理现场

焊接完毕后，将焊缝两侧的飞溅清理干净。将工位内的焊机断电，工具复位，场地清理干净。

四、注意事项

① 焊接作业中要经常检查焊缝，及时发现因风力或气体调节、气体纯度产生的气孔，以便采取防止措施。

② 要用专用地线卡，确保接触良好以保证设备的正常运行和安全。

在焊接过程中要注意表面焊缝应保持原始状态，清除飞溅物时不得伤及表面焊缝。表面焊缝焊角尺寸应控制在 8～10mm，呈等腰三角形，焊缝表面不得有气孔、裂纹、未熔合、焊瘤等缺陷。

【实训评价与结果】

1. 评价（参照附表6）

评价内容	个人评价	小组评价	教师评价
安全文明生产			
焊缝的外形			
焊缝的表面质量			

2. 实训结果

实训目的：

实训器材：

实训内容、步骤及结果：

实训收获及体会：

任务二　立角焊

【试件图】

板对板立角焊的试件如图 4-6 所示。

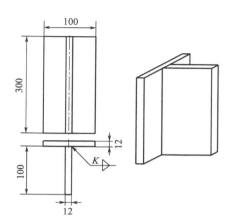

技术要求：
1. 有一定的熔深。
2. 组对严密，两板相互垂直。
3. 要求焊缝表面平直，焊波均匀，无咬边现象。
4. 试件离地面高度自定。

图 4-6　板对板立角焊试件

【学习目标】

通过本任务的学习，可以使学生进一步熟悉 CO_2 气体保护焊设备的性能和使用方法，并使其掌握 CO_2 气体保护焊的平板立角焊的施焊方法和技巧。

【技能训练】

板对板立角焊是指 T 形接头角焊缝，其空间位置处于立焊部位的焊缝。由于熔池受重力影响，铁水易下淌，易形成焊瘤、咬边等焊接缺陷，焊缝成形差。CO_2 气体保护焊平板立角焊有两种方法，即：立向上焊接和立向下焊接。立向下焊接具有焊缝成形美观、熔深较浅的特点，比较适用于厚度小于 6mm 的焊件焊接。

一、焊前准备

1. 焊前清理

如图 4-7 所示，试件装配前应将焊缝 10～20mm 范围内的油污、铁锈及其他污物用角向

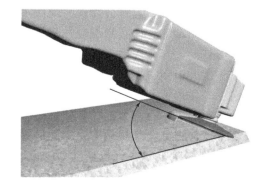

图 4-7　清理试件

磨光机打磨干净，直至露出金属光泽。打磨时角向磨光机与焊件间夹角为 20°～30°。

2. 试件装配和定位焊

组对间隙 0～2mm，定位焊缝长 10～15mm，试件两端各点焊一处。

3. 检查

检查试件装配情况，符合要求后将试件垂直装夹在焊接架上，如图 4-8 所示。检查焊枪喷嘴内壁是否清洁、有无污物，并在喷嘴内涂防喷溅剂，如图 4-9 所示。检查水、电、气等全部连接是否正确，完毕后合上电源。

图 4-8　板对板立角焊装配实物

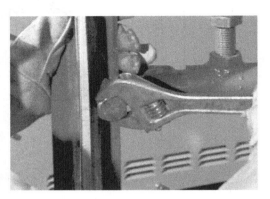

图 4-9　涂防喷溅剂

二、焊接

采用三层三道焊。按表 4-2 调整电压、电流、气体流量等焊接工艺参数。

表 4-2　CO_2 气体保护焊板对板立角焊工艺参数

焊接层次 （三层三道）	焊接道次	焊丝直径 /mm	焊接电流 /A	焊接电压 /V	气体流量 /(L/min)	焊接速度 /(cm/s)	焊丝伸出长度 /mm
打底层	1	$\phi1.0$	120～140	20～22	15～20	0.5～0.8	10～15
填充层	2	$\phi1.0$	120～140	20～22	15～20	0.4～0.6	10～15
盖面层	3	$\phi1.0$	120～140	20～22	15～20	0.4～0.6	10～15

1. 打底焊

采用立向上焊接。起弧前焊丝与焊件不能接触，焊丝伸长量为 10～15mm，如果长出应用钳子剪去，如端部有球状物也应先将焊丝端头剪去（如图 4-10 所示），因为焊丝端头若有很大的球形直径，容易产生飞溅。立向上焊时，焊枪位置十分重要，焊枪放置在试件下端距始焊点 15～20mm 处，与两侧焊件夹角为 45°，与焊缝夹角为 70°～80°，如图 4-11 和图 4-12 所示。用手勾住焊枪开关，保护气体喷出，焊丝向下移动，焊丝接触焊件引燃电弧，此时焊枪有自动回顶现象，稍用力拖住焊枪，然后快速移至焊点。焊丝要对准根部，电弧停留时间要长些，待试件根部全部熔化产生熔池后，开始向上焊接。焊枪采用正三角形或锯齿形摆动法焊接，如图 4-13 所示。焊枪摆动要一致，移动速度要均匀，同时保证焊枪的角度。为避免铁水下淌和咬边，焊枪在中间位置应稍快，两端焊趾处要稍加停留。焊接过程中，焊枪做正三角形或锯齿形摆动时，焊丝端头要始终对准顶角和两侧焊趾，以获得较大熔深。

图 4-10 剪断焊丝实物

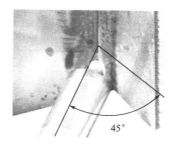

图 4-11 焊枪与焊件夹角实物

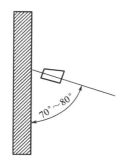

图 4-12 打底焊焊枪与焊缝夹角

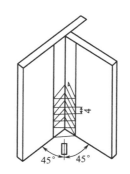

图 4-13 焊枪摆动方式

　　焊接接头时要先将接头处杂质清理干净，然后在距弧坑上方 15～20mm 处引燃电弧，不要形成熔池，将电弧快速移到原焊道的弧坑中心，电弧稍作停留，待弧坑完全熔化后，焊枪再向两侧缓慢摆动，焊过弧坑位置后，便可正常焊接。

　　收弧时要填满弧坑，防止产生弧坑裂纹、气孔等缺陷。由于焊接设备有填弧装置，所以对收弧工艺要求不太严格。收弧后焊枪不能立即抬起，要有一段延时送气时间。

2. 填充焊

　　焊前先将打底层焊缝周围飞溅和不平的地方修平，采用锯齿形摆动法焊接，焊枪角度和焊接方向与打底层相同。焊丝端头要随着焊枪摆动对准打底层焊缝和焊缝趾部，保证层间熔合。焊枪喷嘴高度应保持一致，速度均匀上升。

3. 盖面焊

　　焊接方法与填充层相同，焊枪摆动比填充层要宽一些，注意观察焊角尺寸，两侧熔化要一致，焊接中间位置时要稍快些，避免熔池铁水下坠，同时两侧不能咬边。中间也不能焊得过高。

　　用同样的方法焊接另一面焊缝。

4. 清理试件，整理现场

　　焊接完毕后，将焊缝两侧的飞溅清理干净。将工位内的焊机断电，工具复位，场地清理干净。

三、注意事项

　　① 焊枪移动应保持平稳，同时保证焊枪的角度。

　　② 焊接电缆摆放时，弯曲半径应大于 60cm。

　　③ 焊接过程中要经常清理喷嘴的飞溅，以免堵塞喷嘴，影响送丝。喷嘴要涂防喷溅剂。

　　④ 注意防护，胸口衣领、裤脚边要扎紧。

【实训评价与结果】

1. 评价（参照附表 6）

评价内容	个人评价	小组评价	教师评价
安全文明生产			
焊缝的外形			
焊缝的表面质量			

2. 实训结果

实训目的：

实训器材：

实训内容、步骤及结果：

实训收获及体会：

项目五

手工钨极氩弧焊

任务一　平敷焊

【试件图】

手工 TIG 平敷焊试件如图 5-1 所示。

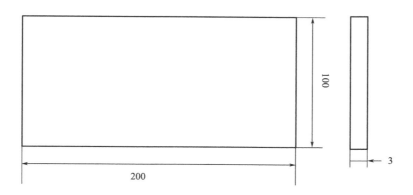

技术要求：

1.清理板料范围内的油污、铁锈、水分及其他污染物，并清除毛刺。

2.在钢板的转迹线上进行引弧与平敷焊。

3.要求焊缝基本平直，接头圆滑，收尾弧坑填满。

图 5-1　手工 TIG 平敷焊试件

【学习目标】

通过本任务的学习，使学生能够掌握手工 TIG 焊的基本操作方法，即送丝、焊矩和焊丝的运动、焊道的接头和收尾等的方法和技巧。使学生能够正确地使用 TIG 焊焊机，能够掌握在平板上完成平敷焊操作的技巧。

【知识学习】

一、 连续填丝和断续填丝

连续送丝操作技术较好，对保护层的扰动小，但是比较难掌握。要求焊丝比较平直，用

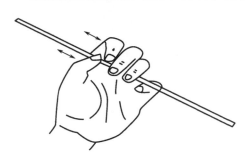

图 5-2　连续填丝操作技术

左手拇指、食指和中指配合送丝，无名指和小指夹住焊丝控制方向，如图 5-2 所示。连续送丝时手臂动作不大，待焊丝快用完时才前移。特点是电流大、焊速快、波纹细、成形美观，但需要熟练的送丝技能。

断续送丝是用左手拇指、食指、中指掐紧焊丝，焊丝末端应始终处于氩气保护区内。填丝动作要轻，不得扰动氩气保护层，以防止空气侵入。更不能像气焊那样在熔池内搅拌，而是靠手臂和手腕的上、下反复动作，将焊丝端部直接送入熔池。此法容易掌握，适用于小电流、慢焊速。但焊缝波纹相对较粗，当间隙较大或电流不适合时，背面易产生凹陷。在全位置焊时多采用此法。

二、 收弧方法

常用的收弧方法有如下几种。

1. 焊接电流衰减法

利用电流衰减装置，逐渐减小焊接电流，从而使熔池逐渐缩小，以致母材不再熔化，达到收弧处无弧坑或缩孔的目的。

2. 增大焊速法

在焊接终止时，焊枪前移速度逐渐加快，焊丝的送给量逐渐减少，直到母材不熔化时为止。基本要点是逐渐减少热量输入，重叠焊缝 20～30mm。此法最适合于环缝，无弧坑无缩孔。

3. 多次熄弧法

终止时焊速减慢，焊枪后倾角加大，而焊丝送给量增大，填充熔池，使焊缝增高，熄弧后马上再引燃电弧，重复两三次。此法可能会造成收弧处焊缝过高，需要修磨。

4. 应用熄弧板法

平板对接时常应用熄弧板，焊后将熄弧板去掉修平。

【技能训练】

一、 试件清理与装配

采用 WCe-20 铈钨极，端部磨成 30°圆锥形，电极的外伸长度为 6～8mm。

1. 清理

打磨板件正反两侧各焊接区内的油污、氧化膜、水分及其他污染物，至露出金属光泽。

2. 将焊件放置在工位架上，保持焊件处于平焊位置

引弧前应提前 5～10s 输送氩气，借以排开管中及工件待焊处空气，并调节减压器到所需流量值。待教师检查后，在教师指导下完成试机、试焊检查（焊接工艺参数见表 5-1）。

表 5-1　手工 TIG 焊平敷焊焊接工艺参数

电流/A	钨极直径/mm	焊丝直径/mm	气体流量/(L/min)
110～130	φ2.4	φ2.5	6～7

二、 焊接

1. 操作姿势

根据工作台的高度，身体呈站立或下蹲姿势，上半身稍向前倾，脚要站稳，肩部用力使臂膀抬至水平，右手握焊枪，但不要握得太死，要自然，并用手控制枪柄上的开关，如图 5-3 所示。左手持焊丝，头上戴面罩，准备焊接。

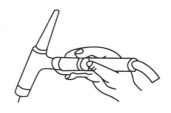

图 5-3　手握焊枪的姿势

2. 引弧

手工钨极氩弧焊通常采用引弧器进行引弧。这种引弧的优点是钨极与焊件保持一定距离而不接触，就能在施焊点上直接引燃电弧，可使钨极端头保持完整，钨极损耗小，引弧处不会产生夹钨缺陷。

3. 焊矩和焊丝的运动

电弧引燃后，要保持喷嘴到焊接处一定距离并稍作停留，使母材熔化后形成熔池，再给送焊丝，焊接方向采用左焊法。如图 5-4 所示。

焊接过程中，焊丝的送进方法有两种，一种是左手捏住焊丝的远端，靠左臂移动送进，但送丝时易抖动，不推荐使用。另一种方法是以左手的拇指、食指捏住，并用中指和虎口配合托住焊丝下部（便于操作的部位）。需要送丝时，将弯曲捏住焊丝的拇指和食指伸直，即可将焊丝稳稳地送入焊接区，然后借助中指和虎口托住焊丝，迅速弯曲拇指、食指，向上倒换捏住焊丝，如此重复，直到焊完。

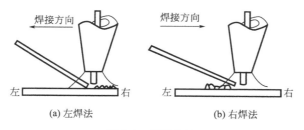

(a) 左焊法　　　　　　(b) 右焊法

图 5-4　填丝方法

焊枪与焊件表面成 70°～80° 的夹角，填充焊丝与焊件表面成 15°～20° 为宜，如图 5-5 所示。

4. 焊道的接头

若中途停顿或焊丝用完再继续焊接时，要用电弧把起焊处的熔池金属重新熔化，形成新的熔池后再加焊丝，并与原焊道重叠 5mm 左右。在重叠处要少添加焊丝，以避免接头过高。

焊接平敷焊道，焊道与焊道间距为 20～30mm。每块焊件焊后要检查焊接质量。焊缝表面要呈清晰和均匀的波纹。

5. 收弧

收弧方法不正确，容易产生弧坑裂纹、气孔和烧穿等缺陷。因此，应采取衰减电流的方法，即电流自动由大到小地逐渐下降，以填满弧坑。

一般氩弧焊机都配有电流自动衰减装置，收弧时，通过焊枪手把上的按钮逐渐减小焊接电流填满弧坑。若无电流衰减装置时，可采用手工操作收弧，其要领是逐渐减少焊件热量，如改变焊枪角度、断续送电等。收弧时，填满弧坑后慢慢提起电弧直至灭弧，不要突然拉断电弧。

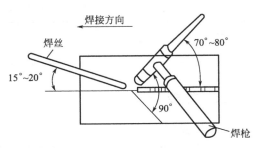

图 5-5 焊枪、焊件与焊丝的相对位置

当熄弧后，氩气会自动延时几秒钟停气（因焊机具有提前送气和滞后停气的控制装置），以防止金属在高温下产生氧化。

6. 清理现场

实训结束后必须清理工具设备，关闭电源，清理打扫场地，做到"工完场清"；并有值日生或指导教师检查，作好记录。

三、 注意事项

填充焊丝时，焊丝的端头切勿与钨极接触，否则焊丝会被钨极沾染熔入熔池后形成夹钨。焊丝送入熔池的落点应在熔池的前缘上，被熔化后，将焊丝移出熔池，然后再将焊丝重复地送入熔池，见图5-6。但是填充焊丝不能离开氩气保护区，以免灼热的焊丝端头被氧化，降低焊缝质量。

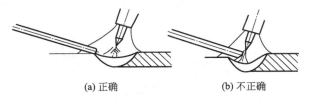

(a) 正确   (b) 不正确

图 5-6 填丝位置

【实训评价与结果】

1. 评价（参照附表8）

评价内容	个人评价	小组评价	教师评价
安全文明生产			
焊缝的外形			
焊缝的表面质量			

2. 实训结果

实训目的：

实训器材：

实训内容、步骤及结果：

实训收获及体会：

任务二　水平固定焊

【试件图】

TIG 焊小直径薄壁管的对接水平固定焊试件如图 5-7 所示。

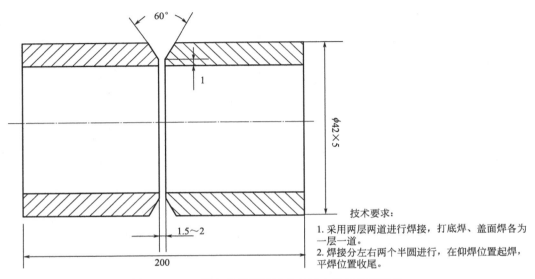

技术要求：
1. 采用两层两道进行焊接，打底焊、盖面焊各为一层一道。
2. 焊接分左右两个半圆进行，在仰焊位置起焊，平焊位置收尾。

图 5-7　TIG 焊小直径薄壁管的对接水平固定焊试件

【学习目标】

通过本任务的学习，使学生能够掌握手工 TIG 焊的管子对接水平固定焊接位置的施焊方法和技巧。

【技能训练】

管对接水平固定焊，由于存在着平、立、仰等多种焊接位置的操作，也称为全位置焊接。为清楚形象地表示各点的焊接位置，常用时钟的钟点数字来表示焊接位置。焊接时，由于随着焊接位置的变化，熔敷金属受重力作用的方式也在改变，焊枪的角度和焊接操作时的手形、身形都在发生变化，因此，要特别注意整个焊接过程中各方位焊接操作的变化与调整。焊接电流的大小要合适；严格采用短弧，控制熔池存在时间。

一、试件清理与装配

1. 焊材规格

管子 2 段，材料均为 Q235，每段管件尺寸为 42 mm×3 mm×100 mm（外径×壁厚×管长）。要求管件圆整。

2. 焊件与焊丝清理

清理管件表面的油污、铁锈、氧化皮、水分及其他污染物，并清除毛刺，尤其对坡口和两侧各 20～30 mm 范围内油污、铁锈和氧化物等要清理干净。焊丝用砂布清除锈蚀及油污。

3. 装配及定位焊

装配时注意对平，尽量固定后点固，防止错边；装配及定位焊要求见表 5-2。

表 5-2 坡口形式及装配要求

坡口形式	坡口角度	间隙	钝边	错边量	定位焊长度	定位焊位置
V 形	60°	1.5～2mm	0～0.5mm	≤0.5mm	10mm	左侧(1 点)

二、焊接

采用两层两道进行焊接，打底焊、盖面焊各为一层一道。焊接分左、右两个半圈进行，在仰焊位置起焊，平焊位置收尾。每个半圈都存在仰、立、平三种不同的位置。起焊点在管中心线后 5～10 mm，按逆时针方向焊接前半部，在平焊位置越过管中心线 5～10mm 处收尾，之后再按顺时针方向焊接后半部，如图 5-8 所示。焊接工艺参数见表 5-3。

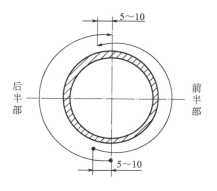

图 5-8 起弧和收尾操作示意图

表 5-3 TIG 焊管对接水平固定焊接工艺参数

电流/A		电弧长度/mm	钨极伸出长度/mm	喷嘴直径/mm	气体流量/(L/min)
打底焊	75～85	2～3	5～7	φ10	7～8
盖面焊	90～100				

1. 打底焊

（1）采用外填丝法送丝　起焊时（仅起焊时），用右手拇指、食指和中指捏住焊枪，以无名指和小指支撑在管子外壁上。将钨极端头对准待引弧的部位，让钨极端头逐渐接近母材，按动焊枪上的启动开关引燃电弧，并控制弧长为 2～3 mm，对坡口根部起焊处两侧加热 2～3s，获得一定大小熔池后向熔池中填加焊丝。

送丝速度以满足焊丝所形成的熔滴与母材充分熔合，并得到熔透正反两面的焊缝为宜。运弧和送丝要调整好焊枪、焊丝和焊件相互间的角度，该角度应随焊接位置的变化而变化，如图 5-9 所示。

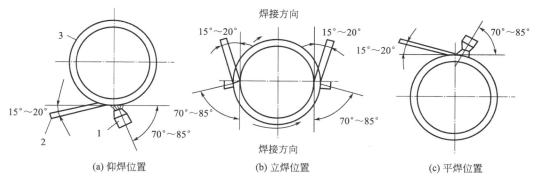

图 5-9 焊枪、焊丝和焊件相互间的角度

焊接过程中应注意观察、控制坡口两侧熔透状态，以保证管子内壁焊缝成形均匀。焊丝做往复运动，间断送丝进入电弧内至熔池前方，成滴状加入。焊丝送进要均匀、有规律，焊

枪移动要平稳，速度一致。前半部焊到平焊位置时，应减薄填充金属量，使焊缝扁平些，以便后半部重叠平缓。灭弧前应连续送进 2～3 滴填充金属，填满弧坑以免出现缩孔，还应注意将氩弧移到坡口的一侧熄电弧。灭弧后修磨起弧处和灭弧处的焊缝金属使其成缓坡形，以便于后半部的接头。

后半部的起焊位置应在前半部起焊位置向后 4～5 mm 处，引燃电弧。先不加焊丝，待接头处熔化形成熔池后，在熔池前沿填加焊丝，然后向前焊接。焊至平焊位置接头处，停止加焊丝，待原焊缝端部熔化后，再加焊丝焊接最后一个接头，填满弧坑后收弧。

（2）采用内填丝法、外填丝法结合送丝　电弧引燃后，在坡口根部间隙两侧用焊枪划圈预热，待钝边熔化形成熔孔后，将伸入到管子内侧的焊丝紧贴熔孔，在钝边两侧各送一滴熔滴，通过焊枪的横向摆动，使之形成搭桥连接的第一个熔池。此时，焊丝再紧贴熔池前沿中部填充一滴熔滴，使熔滴与母材充分熔合，熔池前方出现熔孔后，再送入另一滴熔滴，依次循环。当焊至立焊位置时，由内填丝法改为外填丝法，直至焊完底层的前半部。焊接过程中，当焊至距定位焊缝 3～5 mm 时，为保证接头焊透，焊枪应划圈，将定位焊缝熔化，然后填充 2～3 滴熔滴，将焊缝封闭后继续施焊（注意采用内填丝法定位焊缝不填丝或填少量丝）。

后半部为顺时针方向的焊接，操作方法与前半部分相同。当底层焊道的后半部与前半部在平位还差 3～4 mm 即将封口时，停止送丝，先在封口处周围划圈预热，使之呈红热状态，然后将电弧拉回原熔池填丝焊接。封口后停止送丝继续向前施焊 5～10mm 停弧，待熔池凝固后移开焊枪。打底层焊道厚度一般以 2mm 为宜。

在焊接过程中，根据不同的焊接位置如仰焊、立焊、平焊，焊枪角度和填丝角度发生变化，具体操作如图 5-9 所示。

2. 盖面焊

打底层焊接结束后，进行盖面层的焊接。与打底焊相比，焊枪横向摆动幅度稍大，焊接速度稍慢。

采用月牙形摆动进行盖面焊，盖面焊焊枪角度与打底焊时相同，填丝采用外填丝法。

在打底层焊道上位于时钟 6 点处引弧，焊枪做月牙形摆动，在坡口边缘及打底层焊道表面熔化并形成熔池后，开始填丝焊接。焊丝与焊枪同步摆动，在坡口两侧稍加停顿，各加一滴熔滴，并使其与母材良好熔合。如此摆动、填丝进行焊接。每次填充的焊丝要多些，以防焊缝不饱满。

整个盖面层焊接运弧要平稳，钨极端部与熔池距离保持在 2～3mm，熔池的轮廓应对称焊缝的中心线，若发生偏斜，应随时调整焊枪角度和电弧在坡口边缘的停留时间。

3. 清理现场

实训结束后必须清理工具设备，关闭电源，清理打扫场地，做到"工完场清"；并有值日生或指导教师检查，作好记录。

【实训评价与结果】

1. 评价（参照附表 5）

评价内容	个人评价	小组评价	教师评价
安全文明生产			
焊缝的外形			
焊缝的内侧尺寸			
焊缝的表面质量			

2. **实训结果**

实训目的：

实训器材：

实训内容、步骤及结果：

实训收获及体会：

项目六

I形坡口对接埋弧半自动焊

【学习目标】

通过学习，使学生能够掌握埋弧半自动焊焊接参数的调节和控制焊接质量，使学生能够正确地使用埋弧半自动焊焊机，能够掌握I形坡口对接埋弧焊焊接技巧。

【知识学习】

埋弧焊与其他焊接方法的不同之处是焊接工艺参数由设备保证，焊工的任务是操作焊机，具体任务是按按钮、调整旋钮位置，从而控制焊接工艺参数。因此，要保证焊接质量，焊工必须熟悉埋弧焊设备的操作步骤和方法，必须熟悉焊接工艺参数对焊缝成形的影响，必须能根据焊接过程中观察到的现象及时调整设备位置和参数，处理焊接过程中可能遇到的一切问题。

【技能训练】

一、焊前准备

1. 试板

试板可用 Q235 或 16MnR 钢板，其规格为 6mm×400mm×100mm 两块，6mm×100mm×100mm 引弧板两块。I形坡口的接口形式如图 6-1 所示。

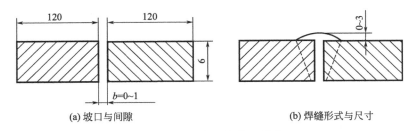

(a) 坡口与间隙　　　　　　　(b) 焊缝形式与尺寸

图 6-1　I形坡口的接口形式

2. 焊材

焊丝选用 H08A，或 H08MnA，直径 5mm，焊剂选用 HJ431，定位焊用 E4303，ϕ4mm 焊条。焊前焊丝应除去铁锈、油污等，焊条与焊剂应示其受潮情况进行烘干。

3. 装配要求

装配间隙及定位焊要求如图 6-2 所示。将两块试板按图 6-2 要求，在两端用焊条电弧焊进行定位焊，定位焊缝长 10mm 左右，定位焊后再与引弧板和引出板焊接在一起。

二、 焊接要点

1. 焊接位置

试板放在水平位置，进行平焊。

2. 焊接顺序

单层单道一次焊完。

3. 焊接工艺参数 （表 6-1）

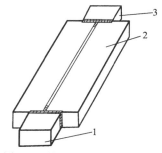

图 6-2 装配间隙及定位焊要求
1—引弧板；2—试板；3—引出板

表 6-1 I形坡口对接埋弧焊焊接工艺参数

焊件厚度/mm	焊丝直径/mm	焊接电流/A	电弧电压/V	焊接速度/(m/h)	间隙/mm
6	4	600～650	33～35	38～40	0～1

4. 焊接

（1）调试工艺参数　先在废板上按表 6-1 的规定调整好工艺参数。

（2）装好试板　使试板间隙与焊接小车轨道平行。

（3）焊丝对中　调整好焊丝位置，使焊丝头对准试板间隙，但不接触试板，然后往返拉动焊接小车几次，反复调整焊接位置，直到焊丝能在整块试板上对中。

（4）准备引弧　将焊接小车拉到引弧板上，调整好小车行走方向开关后，锁紧小车的离合器，然后进行送丝，使焊丝与引弧板可靠接触，并满撒焊剂。

（5）引弧　按启动按钮，引燃电弧，焊接小车沿正常焊接方向行走，开始焊接。在焊接过程中应注意观察，并随时调整工艺参数。

（6）收弧　当熔池全部达到引出板上时，准备收弧，结束焊接过程。停止按钮时，应分两步进行才能填满弧坑。

5. 清理现场

实训结束后必须清理工具设备，关闭电源，清理打扫场地，做到"工完场清"；并有值日生或指导教师检查，作好记录。

三、 焊缝外观检查

焊完焊件后，需进行外观检查，合格后再进行其他项目的检验。

外观检验可以用眼睛或放大镜检查焊缝的缺陷的性质和数量，并用检测工具测定缺陷位置和尺寸。用焊缝检验尺检查焊缝余高和宽度的最大值和最小值。

焊件的焊缝经过外观检查，外形尺寸应符合表 6-2 所示的要求。另外，焊缝表面不得有裂纹、未熔合、未焊透、夹渣、气孔、咬边、凹坑和焊瘤等缺陷。焊后角变形应≤3°，焊件的错边量应小于 0.6mm，如图 6-3 所示。

表 6-2 焊缝外形尺寸

mm

焊缝余高	焊缝余高差	焊缝宽度		焊缝不直度
		比坡口每侧增宽	宽度差	
0～3	≤2	不测量	≤2	≤2

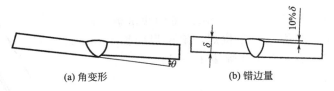

(a) 角变形　　　　(b) 错边量

图 6-3　试板焊后角变形与错边量

【实训评价与结果】

1. 评价

评价内容	个人评价	小组评价	教师评价
安全文明生产			
焊缝的外形			
焊缝的表面质量			

2. 实训结果

实训目的：

实训器材：

实训内容、步骤及结果：

实训收获及体会：

附　录

附表 1　气割评分标准

考核项目	考核内容	考核要求	配分	评分标准
安全文明生产	能正确执行安全技术操作规程	按达到规定的标准程度评定	5	根据现场纪律,视违反规定程度扣 1～5 分
	按有关文明生产的规定,做到工作地面整洁,工件和工具摆放整齐	按达到规定的标准程度评定	5	根据现场纪律,视违反规定程度扣 1～5 分
主要项目	割缝的断面	上边缘塌边宽度≤1mm	15	上边缘塌边宽度每超 1mm,扣 2 分,塌边宽度>2mm 扣 10 分
		表面无刻槽	15	视情况扣 1～10 分
	割缝外部形状	割面垂直度≤2mm	15	割面垂直度>2mm,扣 10 分
		割面平面度≤1mm	15	割面平面度>1mm,扣 10 分
		割缝不能太宽	10	视情况扣 1～10 分
		无变形	10	视情况扣 1～10 分
		无裂纹	10	视情况扣 1～10 分

附表 2　管子对接气焊评分标准

考核项目	考核内容	考核要求	配分	评分标准
安全文明生产	能正确执行安全技术操作规程	按达到规定的标准程度评定	10	根据现场纪律,视违反规定程度扣 1～10 分
	按有关文明生产的规定,做到工作地面整洁,工件和工具摆放整齐	按达到规定的标准程度评定	10	根据现场纪律,视违反规定程度扣 1～10 分
主要项目	焊缝的外形尺寸	焊缝高度 0～2mm	10	超差 0.5mm,扣 2 分
		正面焊缝的余高差 0～1mm	10	超差 0.5mm,扣 2 分
		焊缝每侧增宽 0.5～2.5mm	10	超差 0.5mm,扣 2 分
		焊缝宽度差 0～1mm	10	超差 0.5mm,扣 2 分
		焊接接头脱节<2mm	10	超差 0.5mm,扣 2 分
	焊缝的外观质量	焊缝表面无气孔、夹渣、焊瘤	10	焊缝表面有气孔、夹渣、焊瘤其中一项扣 10 分
		焊缝表面无咬边	10	咬边深度≤0.5mm,每长 2 mm 扣 1 分;咬边深度>0.5mm,每长 2mm 扣 2 分
		通球直径为 $\phi42mm$	10	通球检验不合格此项分扣光

附表 3　焊条电弧焊平敷焊评分标准

考核项目	考核内容	考核要求	配分	评分标准
安全文明生产	正确穿戴劳动保护用品并能正确执行安全技术操作规程	按达到规定的标准程度评分	20	根据现场纪律,视违反规定程度扣1~20分
	按有关文明生产的规定,做到工作地面整洁、工件和工具摆放整齐	按达到规定的标准程度评分	20	根据现场纪律,视违反规定程度扣1~20分
主要项目	焊缝的外形	波纹均匀,焊缝平直	30	视波纹不均匀、焊缝不平直,扣1~30分
	焊缝的表面质量	焊缝表面无气孔、夹渣、焊瘤、裂纹、未熔合	30	焊缝表面有气孔、夹渣、焊瘤、裂纹、未熔合其中一项扣1~30分

附表 4　焊条电弧焊板对接焊评分标准

考核项目	考核内容	考核要求	配分	评分标准
安全文明生产	能正确执行安全技术操作规程	按达到规定的标准程度评定	5	根据现场纪律,视违反规定程度扣1~5分
	按有关文明生产的规定,做到工作地面整洁、工件和工具摆放整齐	按达到规定的标准程度评定	5	根据现场纪律,视违反规定程度扣1~5分
主要项目	焊缝的外形尺寸	焊缝余高0~3mm,余高差≤2mm。焊缝宽度比坡口每增宽0.5~2.5mm,宽度差≤3mm	10	有一项不合格要求扣2分
		焊后角变形0°~3°,焊缝的错位量≤1.0mm	10	焊后角变形>3°扣3分;焊缝错位量>1.0mm扣2分
	焊缝表面成形	波纹均匀,焊缝平直	10	视波纹不均匀、焊缝不平直扣1~10分
	焊缝的外观质量	焊缝表面无气孔、夹渣、焊瘤、裂纹、未熔合	10	焊缝表面有气孔、夹渣、焊瘤、裂纹、未熔合其中一项扣10分
		焊缝咬边深度≤0.5mm;焊缝两侧咬边累计总长不超过焊缝有效长度范围内的26mm	10	焊缝两侧咬边累计总长每5mm扣1分,咬边深度>0.5mm或累计总长>26mm此项不得分
		未焊接深度≤1.5mm;总长不超过焊缝有效长度范围内的26mm	10	未焊透累计总长每5mm扣2分,未焊透深度>1.5mm或累计总长>26mm此焊接按不及格论
		背面焊缝凹坑≤2mm;总长不超过焊缝有效长度范围内的26mm	10	背面焊缝凹坑累计总长每5mm扣2分,凹坑深度>2mm或累计总长>26mm,此项不得分
	焊缝的内部质量	按 GB/T 3323—2005标准对焊缝进行X射线检测	20	Ⅰ级片不扣分;Ⅱ级片扣5分;Ⅲ级片扣10分,Ⅳ级以下为不及格

附表 5 焊条电弧焊管子对接焊评分标准

考核项目	考核内容	考核要求	配分	评分标准
安全文明生产	能正确执行安全技术操作规程	按达到规定的标准程度评分	5	根据现场纪律,视违反规定程度扣 1～5 分
	按有关文明生产的规定,做到工作地面整洁、工件和工具摆放整齐	按达到规定的标准程度评定	5	根据现场纪律,视违反规定程度扣 1～5 分
主要项目	焊缝的外形尺寸	焊缝余高 0～4mm,余高差≤3mm。焊缝宽度比坡口每增宽 0.5～2.5mm,宽度差≤3mm	10	有一项不符合要求扣 2 分,凸凹度不符合要求扣 3 分,焊脚尺寸不符合要求扣 7 分
		焊后角变形≤1°,焊缝错边量≤0.5mm	10	焊后角变形>1°扣 6 分;焊缝的错变量>0.5mm 扣 4 分
	通球检验	通球直径为 ϕ42mm	10	通球检验不合格,此项不得分
	焊缝的外观质量	焊缝表面无气孔、夹渣、焊瘤、裂纹、未熔合	10	焊缝表面有气孔、夹渣、焊瘤、裂纹、未熔合其中一项扣 10 分
		焊缝咬边深度≤0.5mm;焊缝两侧咬边累计总长不超过焊缝有效长度范围内的 18mm	10	焊缝两侧咬边累计总长每 5mm 扣 1 分,咬边深度>0.5mm 或累计总长>18mm 此项不得分
		焊缝表面成形:波纹均匀、焊缝直度	10	视焊缝不直度、焊波不均匀扣 1～10 分
		背面焊缝凹坑≤1mm;总长度不超过焊缝有效长度范围内 10mm	10	背面焊缝凹坑累计总长每 5mm 扣 2 分,凹坑深度>1mm 或累计总长>10mm,此项不得分
	焊缝的内部质量	按 GB/T 3323—2005 标准对焊缝进行 X 射线检验	20	Ⅰ级片不扣分;Ⅱ级片扣 5 分;Ⅲ级片扣 10 分;Ⅳ以下不及格

注：通球试验是指焊后将直径为焊管内径 85% 的钢球从管内通过, 如能通过记为合格。

附表 6 焊条电弧焊平角、立角焊评分标准

考核内容	考核要求	配分	评分标准
焊前准备	劳保着装及工具准备齐全,参数设置及设备调试正确	5	工具及劳保着装不符合要求,参数设置及设备调试不正确,有一项扣 1 分
焊接操作	试件空间位置符合要求	10	试件空间位置超出规定范围扣 10 分
焊缝外观	焊缝表面不允许有焊瘤、气孔、夹渣等缺陷	10	出现任何一项缺陷,该项不得分
	焊缝咬边深度≤0.5mm,两侧咬边累计长度不超过焊缝有效长度的 15%	10	咬边深度≤0.5mm 时,每 5mm 长扣 1 分,累计长度超过焊缝有效长度的 15% 时,扣 10 分。咬边深度>0.5mm 时扣 10 分
	焊缝凸凹度差≤1.5mm	10	凸凹度差>1.5mm 扣 10 分。凸凹度差≤1.5mm 不扣分
	焊脚尺寸 $K=12\pm(1\sim2)$mm	15	每超标一处扣 5 分
	两板间夹角为 90°±2°	5	超标扣 5 分

续表

考核内容	考核要求	配分	评分标准
宏观金相检验	根部熔深≥0.5mm	10	根部熔深<0.5mm时扣10分
	条状缺陷	10	最大尺寸≤1.5mm,且数量不多于1个时,不扣分 最大尺寸>1.5mm,且数量多于1个时,扣10分
	点状缺陷	10	点数≤6个时,每个扣1分 点数>6个时,扣10分
其他	安全文明生产	5	设备复位,工具摆放整齐,清理试件,打扫场地,关闭电源,每有一处不符合要求扣1分

附表7 焊条电弧焊管板焊接评分标准

考核项目	考核内容	考核要求	配分	评分标准
安全文明生产	能正确执行安全技术操作规程	按达到规定的标准程度评分	5	根据现场纪律,视违反规定程度扣1~5分
	按有关文明生产的规定,做到工作地面整洁、工件和工具摆放整齐	按达到规定的标准程度评分	5	根据现场纪律,视违反规定程度扣1~5分
主要项目	焊缝的外形尺寸	焊脚尺寸6~8mm,凸凹度≤1.5mm	10	焊脚尺寸不符合要求扣7分,凸凹度不符合要求扣3分
		焊后角变形0°~3°焊缝错边量≤1.2mm	10	焊后角变形>3°扣3分;焊缝的错变量>1.2mm扣2分
	通球检验(骑坐式管板)	通球直径为φ40mm	15	通球检验不合格,此项不得分
	焊缝的外观质量	焊缝表面无气孔、夹渣、焊瘤、裂纹、未熔合	15	焊缝表面有气孔、夹渣、焊瘤、裂纹、未熔合其中一项扣15分
		焊缝咬边深度≤0.5mm;焊缝两侧咬边累计总长不超过焊缝有效长度范围内的18mm	10	焊缝两侧咬边累计总长每5mm扣1分,咬边深度>0.5mm或累计总长>18mm此项不得分
		焊缝表面成形:波纹均匀、焊缝直度	10	视焊缝不直度、焊波不均匀扣1~10分
		未焊透深度≤1mm;总长不超过焊缝有效长度范围内16mm	10	未焊透累计总长每5mm扣2分,未焊透深度>1mm或累计总长>16mm,此焊件按不及格论
		背面焊缝凹坑≤1mm;总长度不超过焊缝有效长度范围内16mm	10	背面焊缝凹坑累计总长每5mm扣2分,凹坑深度>1mm或累计总长>16mm,此项不得分

附表 8　TIG 焊平敷焊的评分标准

考核项目	考核内容	考核要求	配分	评分标准
安全文明生产	能正确执行安全技术操作规程	按达到规定的标准程度评定	5	根据现场纪律,视违反规定程度扣1~5分
	按有关文明生产的规定,做到工作地面整洁、工件和工具摆放整齐	按达到规定的标准程度评定	5	根据现场纪律,视违反规定程度扣1~5分
主要项目	焊缝的外形尺寸	焊缝余高 0~3mm,余高差≤2mm。焊缝宽度差≤3mm	20	有一项不合格要求扣5分
	焊缝表面成形	波纹均匀,焊缝平直	20	视波纹不均匀、焊缝不平直扣1~20分
	焊缝的外观质量	焊缝表面无气孔、夹钨	30	焊缝表面有气孔、夹钨其中一项扣30分
		焊缝咬边深度≤0.5mm;焊缝两侧咬边累计总长不超过焊缝有效长度范围内的26mm	20	焊缝两侧咬边累计总长每5mm扣2分,咬边深度>0.5mm或累计总长>26mm此项不得分

参考文献

[1]　中国焊接协会培训工作委员会．焊工取证上岗培训教材．北京：机械工业出版社，2004.

[2]　杨跃主编．典型焊接接头电弧焊实作．北京：机械工业出版社，2009.

[3]　张依莉主编．焊接实训．北京：机械工业出版社，2008.

[4]　王新民主编．焊接技能实训．北京：机械工业出版社，2004.

[5]　沈辉，何安平．焊接实训．北京：机械工业出版社，2011.

[6]　雷世明主编．焊接方法与设备．第2版．北京：机械工业出版社，2008.

[7]　张宇光主编．国际焊接培训．哈尔滨：黑龙江人民出版社，2002.

[8]　焊接学会主编．焊接手册．北京：机械工业出版社，2007.